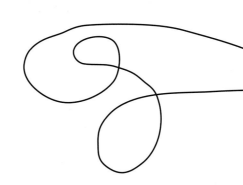

TRAIN your BRAIN to be a MATHS GENIUS

DK儿童数学思维手册

［英］迈克·戈德史密斯　著

［英］赛博·伯奈特　绘

徐　瑛　译

文　星　审译

科学普及出版社

·北京·

目录

4　生活中的数学

数学大脑

8　认识你的大脑

10　数学技能

12　学习数学

14　大脑 VS 机器

16　数字问题

18　数学界的女性

20　"看"出答案

创造数字

24　学会数数

26　数字系统

28　大大的 0

30　毕达哥拉斯

32　跳出思维定式

34　有规律的数字

36　计算小窍门

38　阿基米德

40　数学和测量

42　多大？多远？

44　大小的问题

神奇的数字

48　认识数列

50　帕斯卡三角形

52　神奇方格

54　缺失的数字

56　数字的含义

58　数字诡计

60　谜一样的质数

形状和空间

64 三角形

66 塑造图形

68 图形转换

70 圆的世界

72 三维空间

74 三维图形谜题

76 三维的乐趣

78 莱昂哈德·欧拉

80 神奇的迷宫

82 视觉假象

84 不可能图形

数学世界

88 有趣的时间

90 无限

92 地图

94 艾萨克·牛顿

96 概率

98 展示数据

100 逻辑谜题和悖论

102 破译密码

104 代码和密码

106 阿兰·图灵

108 代数学

110 卡尔·高斯

112 难题

114 宇宙的秘密

116 总测验

118 词汇表

120 答案

124 鸣谢

这本书准备了各种谜题等着你去解答。可以在后面找到正确答案。

生活中的 **数学**

难以想象我们的生活中没有了数学会变成什么样子。可能我们自己都没有意识到，数学在我们的生活中会有如此重要的作用，比如告诉别人时间、逛街、打球或者玩游戏。这本书会告诉我们许多经过验证的变革性想法以及伟大数学家改变世界的故事，并通过很多需要你去完成的任务来保持你的数学大脑运转不停。

拼图游戏

以下这些图形可以通过某种方式摆放成一个正方形，但为了迷惑大家，其中有一块图形并不包含在内，你能找出这块图形吗？

A B C D E F

天呐！这个滑梯从上面看更陡了，等我滑到最下面的时候速度该有多快呀？

快看！我能飘浮在空中，而且我有两个舌头。

只有1/4的人在玩砸椰子，哎！我的生意亏了！

我刚刚投中一个角，再投中一个我就能拿到奖品哦。

公式

数学的许多领域都涉及公式，比如数字如何重复，图形如何构建。公式经常带给我们启发，让我们用新的方式思考。

图形

理解图形和空间能帮助我们感知周围的世界。这能让你创造和设计任何一样东西——包括复杂的游戏。

利润盈余

综合考虑人工成本、电力及维护等因素，所有碰碰车每天的运营总成本是1200元。现在有12辆碰碰车，平均每个时段有60%的车被占用。运营时间为每天8小时，每小时分4个时段，每辆车每个时段的收费为20元。请问老板的利润是多少？

概率游戏

每个人都喜欢去砸椰子——但成功概率是多少呢？游戏摊摊主需要了解这个数据以便准备足够的椰子，并确定收费。他发现，平均一天有90个顾客，每个顾客扔三次球，最后砸到的椰子总数为30个。请问你砸到一个椰子的可能性是多少？

数学

大脑

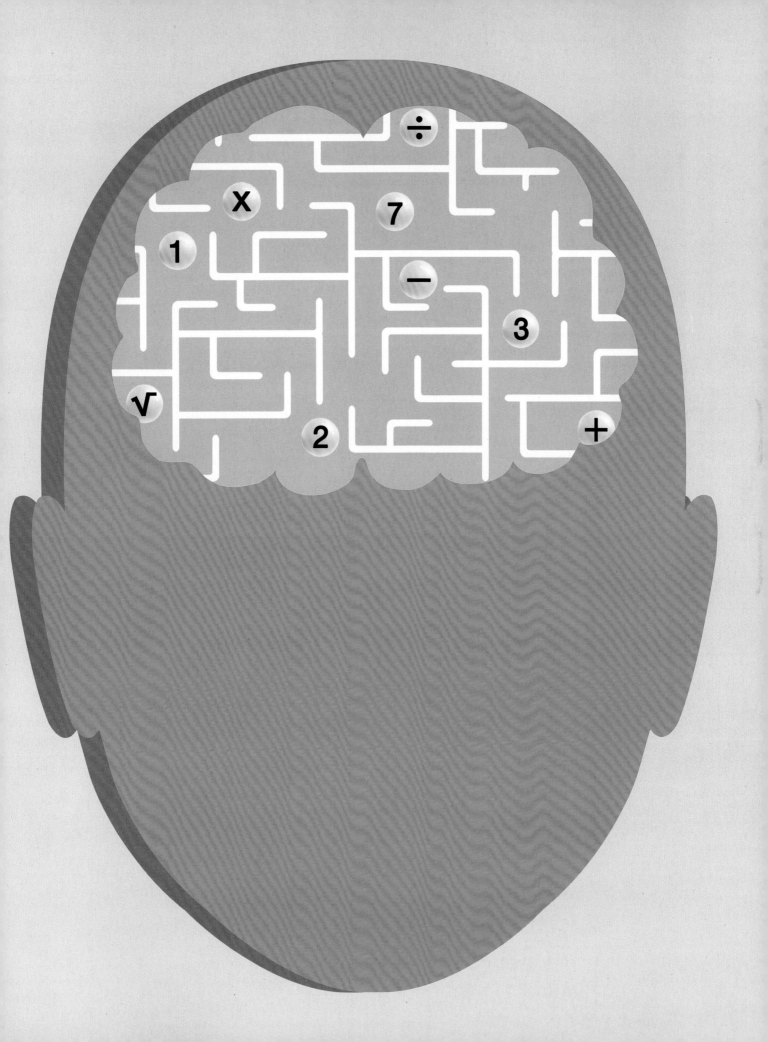

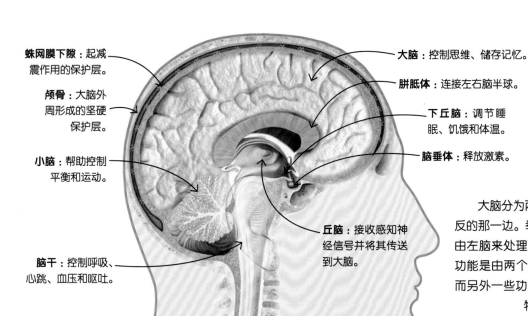

蛛网膜下隙：起减震作用的保护层。

颅骨：大脑外周形成的坚硬保护层。

小脑：帮助控制平衡和运动。

脑干：控制呼吸、心跳、血压和呕吐。

大脑：控制思维、储存记忆。

胼胝体：连接左右脑半球。

下丘脑：调节睡眠、饥饿和体温。

脑垂体：释放激素。

丘脑：接收感知神经信号并将其传送到大脑。

看看里面

这个脑部的横断面展示了大脑里负责思维的部分。外层下面的物质叫"白质"，负责在大脑不同的区域传送信号。

大脑的两个半球

大脑分为两个半球。每个半球主要支配身体相反的那一边。举个例子，右眼接收到的信息是由左脑来处理的。包括数学在内的某些功能是由两个脑半球共同支配的。而另外一些功能则基本由某个特定半球负责。

左脑功能

左脑主要负责逻辑性、理性思维和语言表达，它帮助我们找到计算题的答案。

语言

左脑负责理解词汇的含义，但由右脑负责将它们组织成句子和故事。

科学思维

逻辑思维是大脑左半球的工作，但大多数科学也会涉及极富创造力的右脑。

理性思维

以理性的方式思考并做出反应是左脑的主要任务，它帮助你分析问题并找到合理答案。

计算能力

左脑负责数字和计算的部分，同时右脑处理图形和公式。

写作能力

像说话、写作这些任务是由两个半球共同完成的。右脑负责组织观点，左脑负责将它们用文字表达出来。

左视皮质：处理右侧视野的信息。

认识你的大脑

人的脑部是身体中最复杂的器官。它由数十亿个微小的神经细胞连接在一起，组成了一个海绵状结构。它的最大组成部分是花椰菜形状的大脑，由两个半球组成并通过神经网络相互连接，负责处理数学的理解和计算问题。

大脑皮层

大脑皮层上有许多褶皱，这样可以让它的表面积尽可能大，大脑就可以保存更多的信息。大脑皮层是灰色的，也就是俗称的"灰质"。

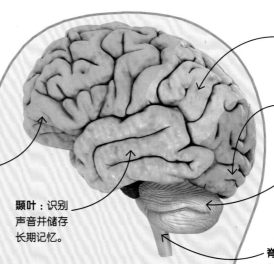

顶叶：处理来自感觉器官的信息，比如触觉和味觉。

枕叶：处理视觉接收到的信息，并在脑中形成图像。

小脑：挤在大脑两个半球下面，作用是协调身体各部分的肌肉运动。

脊髓：连接大脑与全身神经系统。

颞叶：识别声音并储存长期记忆。

额叶：对于思维、性格、说话和情感至关重要。

右视野：通过感光细胞收集信息，然后由大脑另一边枕叶中的左视皮质来处理。

右视神经：将右眼接收到的信息传递到左视皮质。

右脑功能

大脑右半球主要掌控创造性思维和直觉反应，帮助我们理解图形和动机，并解决比较难的计算问题。

空间能力

你能理解物体的形状以及在空间中的位置——这主要依赖于右脑，它赋予我们空间想象的能力。

想象力

大脑右半球主导想象力，但是表达这些想象需要依靠左半球。

艺术

艺术与空间感知能力有着密切的关系。当你在绘画、写作或欣赏艺术品时，大脑右半球会更加活跃。

音乐

右脑负责鉴赏音乐，并且和左脑一起帮助我们理解和编写乐谱，让音乐更好听。

洞察力

当你将不同的观点相互结合时，或许大脑右半球能领悟出新的东西。

神经元和数字

神经元由相互连接的大脑细胞组成，这些细胞将电子信号传递给彼此。每次思考或者感觉都是大脑中神经元触发了某种反应的结果。科学家发现当你想象一个特别的数字时，某种特定的神经元会异常活跃。

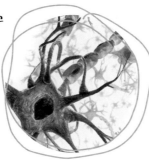

解答数学题

这张大脑扫描图是在一个人解答一系列数学减法题时拍下的。黄色和橘色部分代表着大脑中制造电子神经信号最多的区域。有趣的是，这样的区域遍布大脑，并非只有一处。

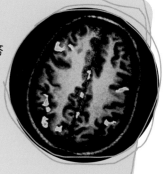

数学技能

数学涉及了大脑的许多部位——大脑中处理数字的方式（算术）与处理图形和公式的方式（几何）完全不同。那些在某个领域很精通的人常常对于另一个领域也很在行。有时候，运用不同的数学技能，同一个问题会有很多种解决方法。

大约十分之一的人在看到颜色时会想到数字。大家可以做个实验，在想到红色时立刻写下你脑海中浮现出的数字（限于0到9），依此类推，依次写下黑色的以及蓝色的数字。有没有人得出相同的答案呢？

怎样数数？

当你在脑海中数数时，你是想象着它们的声音还是图像？这两种方法你都可以实验一下，看看哪种更简便。

学习有四种主要的思维方式：看写出来的文字、想象各种图像、听读出来的字词以及各种实践活动——它们都可以应用到数学学习中去。

第一步

试着在一个嘈杂的地方闭上眼睛，在3秒内从100倒数。首先，试着去"听"数字的声音，然后想象它们的形状。

第二步

然后，一边看电视一边重复第一步中两种方法——记得把声音关掉。哪种练习会更简单些呢？

快速阅读

人类的大脑已经进化到比较复杂的程度了，对于某些事物可以在扫过一眼后迅速掌握其关键点，也可以在检查事物的同时进行思维活动。

一般的大脑扫一眼能掌握3到4个数字，所以你可能最多只能正确地记住5个。因为你只是粗略估计其中较大的数字，所以很有可能会弄错。

第一步

请你快速扫一眼下面的序列，不要去数，然后根据记忆写下每组记号的数量。

第二步

现在去数一下序列里每组记号的数量，然后对照你所写下的数字，看看你写对了多少。

数字记忆

在有限的时间内你的短时记忆能储存一定量的信息。这个练习能展示大脑记忆数字的能力。从最上面一排开始，把这一排的数字依次大声读出来。然后盖住这一排试着去重复这组数字。依次往下重复刚才的动作，直到你已经无法记住所有的数字为止。

631

7280

42539

357061

4282653

05426984

261958263

4639517280

多数人依靠短时记忆一次可记住大约 **7** 个数字。但是我们一般会通过在脑中默念来记忆重要的事情，英文中有些数字默念的时间会比其他数字长，这会影响到我们能够记住的数字数量。中文里数字的发音较短，所以比较容易记住更多的中文数字。

眼力测试

这个游戏可以测试用眼睛判断数量的能力。你不能去数数——仅用眼睛判断是否为相同的数量。

你需要：

• 一包不少于 40 颗的小糖豆

• 三只碗

• 秒表

• 一个助手

第一步

把三只碗放在你面前，让人帮你计时 5 秒。当他说"开始"时，你要尽力把小糖豆平均分配到三只碗里。

第二步

数一下每只碗里小糖豆的具体数量，看看这些数字之间有多相近。

看到结果你可能会吓一跳：怎么会这么接近？实际上，大脑对数量有着很强的判断力——但它并不是以数字的形式作出判断。

识别图形

在每组图形中，你能在右边的五个图形中找到与左边图形相同的部分吗？

大脑天生对公式和图形敏感。古希腊哲学家柏拉图在很久之前就发现了这一点。当他让奴隶解决有关图形的谜题时，虽然他们没有受过教育，但还是解答出来了。

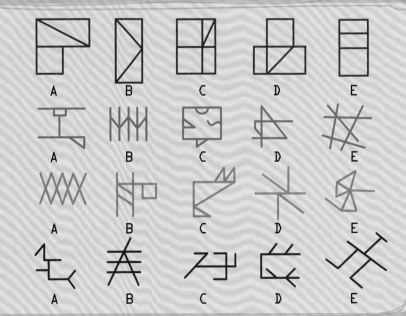

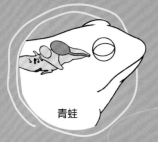

青蛙

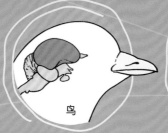

鸟

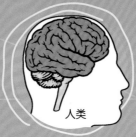

人类

大脑的进化

比起身体来说，人类的大脑比其他动物的要大得多，也比祖先大。大脑越大，容量会越大，学习和解决问题的能力就越强。

对于很多人来说，学习数学是一件理所当然的事。但你有没有想过数学这门学科是如何产生的呢？人类在进化的过程中是怎样不断补充完善这门学科的呢？可以肯定的一点是，人类——以及一些动物——天生就懂得一些数学的基本原理，不过绝大部分还是通过探索发现的。

学习数学

感知数字

最近几年，科学家通过实验对婴幼儿的数学技能进行了调查。结果表明我们人类天生就具备一些数字的基本常识。

出生 48 小时的婴儿

新生婴儿对数字有感觉。他们能意识到 12 只鸭子和 4 只鸭子是不一样的。

6 个月的婴儿

给一个婴儿展示两个玩具，然后将一块屏幕挡在婴儿面前，拿走其中一个玩具，撤掉屏幕之后，婴儿的反应说明他看出了不对劲，明白一个和两个之间的区别。

"天才"动物

很多动物对数字都有感觉。一只名叫雅各布的乌鸦可以从众多盒子中挑出那个点了五个点的。蚂蚁似乎能准确地算出自己跟蚁窝之间的距离。

 小游戏

你的宠物会数数吗？

所有的狗狗都能"数"到 3。可以测试一下你的狗或者朋友的狗。让狗狗看着你依次将 3 颗糖扔到看不见的地方，它会跑去找到这 3 颗糖，一旦找到就马上停下来。可是如果你扔了更多的糖果，狗狗就会数不清数并且一直寻找这些糖果，就算糖果已经全部被找到，狗狗也不会停下来。

感觉记忆：
对于感受到的任何物体，我们都能维持半秒或者更短的记忆。感觉记忆能一次性储存很多信息。

短期记忆：
对于少数的事物（比如一些数字或单词），我们的记忆能保留大约一分钟。之后如果我们没有继续学习，就会忘掉。

长期记忆：
经过努力，我们能学习并记住数量相当可观的知识和技能，并伴随我们一生。

记忆如何工作

记忆对于数学的学习非常重要。它帮助我们了解数字的规律、学习表格和方程式。记忆也分很多种，比如计算时，我们粗略记得最后的几个数字（短期记忆），但我们会永远记得如何从 1 数到 10 或更多（长期记忆）。

把一串数字说出来或者唱出来能够帮助你记忆，或者写下来试着找出其中的规律。当然，你需要反复地练习哦。

4 岁的小朋友

一般 4 岁的小朋友就能从 1 数到 10 了，虽然顺序不一定总是对的。他已经可以估算例如上百这样较大的数量。更重要的是，4 岁的小朋友已经开始喜欢在纸上乱写乱画做记号了，这样能更直观地感受数字。

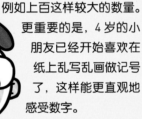

我要画成百上千个点！

5~9 岁的小朋友

让一个 5 岁的小朋友按顺序堆数字积木，相比大点的数字，他往往会将比较小的数字分开得更远些。换成 9 岁的小朋友，他已经意识到每个数字之间的差别是一样的——只间隔一个——所以会按顺序堆放积木。

聪明的汉斯

一个世纪之前，有一匹"算术马"名叫汉斯。它似乎会进行一些简单的加减乘除运算，然后通过蹄子刨地的次数给出答案。但事实上汉斯并不懂数学，它只是极其擅长"解读"主人的身体语言。它会盯着主人的脸，一旦刨地的次数对了，主人脸上就有变化，汉斯便会停下来。

大脑 VS

在超级力量——大脑与机器——的对抗中，人类的大脑是最终赢家！超级计算机虽然在计算方面速度惊人，但却缺乏创造力，也跟不上天才的想象力。所以，到目前为止，我们人类大脑还是领先一步。

神童

神童是指在很小的年纪就在某些领域——比如数学、音乐或者美术等方面——具备惊人技能的那类人。比如印度的拉马努金（1887–1920）几乎没有受过任何教育，后来却成为杰出的数学家。很多神童记忆超群，能一次性记住大量的信息。

努力

奉献和努力往往是获得成功的关键。1637 年，皮耶·德·费马提出了一个定理，可是并没有去证明。三个多世纪以来，许多杰出的科学家尝试去证明都失败了。英国的安德鲁·怀尔斯 10 岁时便被费马大定理吸引，时隔 30 多年后他于 1995 年最终证明了这个定理。

专家

那些在某一特定领域非常精通的人我们俗称为专家。英国的丹尼尔·塔曼特出生于 1979 年，是一位在计算和记忆方面有着令人难以置信的技能的专家，他曾经背诵 π（3.141…）到小数点后面 22514 位。塔曼特具有数字和视觉的通感，在他眼里，数字是和颜色、图形交织在一起的。

你的大脑怎么样？

给你一些数字，让你心算求和，这就会用到短期记忆（详见第 13 页）。如果你心算求和能超过八个数字，说明你拥有优秀的数学大脑。

你的计算机
- 有百亿个晶体管
- 每个晶体管每秒能传送 10 亿个信号
- 信号传送的速度可以达到每秒 2 亿千米
- 除非关闭,否则可以一直运行

机器

计算机

在计算机最初被发明出来时,它也被叫作"电子大脑"。它确实和大脑类似,任务就是处理数据、发送控制信号。虽然计算机能做一些跟大脑一样的事,但两者的不同点多于相同点。计算机还没有发展到可以统治世界的程度。

人工智能

人工智能计算机似乎可以像人类那样思考。尽管最强大的计算机也无法拥有人类的全部智力,但有些计算机已经能用人类的方式完成一些特定的任务了。比如计算机系统沃森已经能从自身的错误中吸取经验,逐步缩减可选项,并最终做出选择。2011 年,沃森在美国的电视智力竞猜节目《危险边缘》中击败了人类选手。

缺失要素

计算机在计算方面远超过人类,但它缺乏心理方面的技能,无法拥有人类的独特见解。它们也几乎不可能全面解读看到的世界——就算是最高级的计算机面对一间凌乱的卧室也无法识别所有的内容。

数字恐惧

有些人会不喜欢，甚至是害怕某些数字。比如在中国和日本，很多人不喜欢4，这是因为4与"死"的发音类似，会让人产生不好的联想。

计算障碍

46和76这两个数字哪个比较大？如果你不能在1秒内分辨出来，那就说明你可能有计算障碍哦。出现这种问题的原因是大脑中负责比较数字的那块区域无法正常工作。有这种障碍的人也很难分辨时间。不过，计算障碍这种现象非常罕见。所以，在数学考试中犯这种错误的时候，可不要用这个作为借口哦！

数字问题

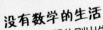

没有数学的生活

虽然婴儿刚出生时就对数字有感觉，但想要掌握更复杂的数学概念则必须靠大人指导。大部分的国家和社会都会使用并教授这些数学概念，但并不是全部。比如，直到现在，坦桑尼亚的哈扎人依然不会数数，所以他们的语言里没有超过3或4的数字。

太晚就学不会了？

相比起成年人，青少年对于数学的学习要容易很多。19世纪英国著名的科学家迈克尔·法拉第从小就没有学过数学。结果，他没法完成或证明许多先进的研究成果，因为他对数学这门学科并没有全面充分地掌握。

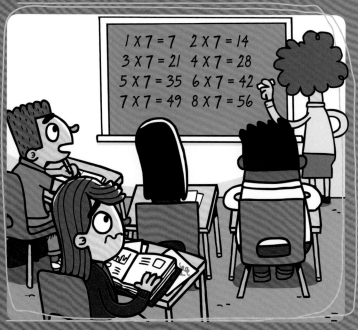

数学想象

有些数学问题听上去很复杂，或者用了我们不熟悉的字和符号来表达。这时，你可以通过画画或者想象（在脑中画图）来理解并解决数学问题。比如，平均划分图形的问题就比较简单，只需要在纸上粗略地打个草稿就能解决。

练习才能提升

对于那些在计算方面特别困难的人来说，那些参加数学电视竞赛节目的选手简直就是天才。但事实上，任何人只要遵照成功的三个秘诀，就都能成为数学专家，这就是：掌握一些基本运算法则（比如乘法表），运用一些小窍门小技巧，不断练习。其中最重要的一条就是不断练习！

很多人觉得数学很难，看到数学就想逃。其实真正在数学学习上有困难的人只是极少数。只需要一点时间练习一下，你就能马上掌握数学的基本原理。而且一旦掌握，就将终身难忘。

13 世纪思想家罗吉尔·培根说过："不懂数学的人肯定无法理解其他学科，也不会理解这世上发生的所有事情。"

小游戏

误导人的数字

数字会影响到我们思考的方式和内容。我们应该确定数字的真正含义才不会被它们误导。下面有两则小故事，读完你可能会觉得里面的数字很可疑——你能找出原因吗？

一项有用的调查？

由摩天大楼建造协会所做的一项调查表明：城市里 30 个公园中的大多数都应该关闭。因为对其中 3 个公园的调查显示，有两个公园一整天的总人数不超过 25 个。对于这项调查你能想到 4 个疑点吗？

伤势加剧！

第一次世界大战中，本来士兵都戴帽子，可是在战斗后出现了大范围的头部损伤。为了给头部提供更好的保护，士兵的帽子换成钢制头盔。没想到此举竟然导致了头部受伤人数显著上升。你觉得原因是什么呢？

数学界的女性

历史上，女性为了打破男性在数学和科学领域的统治地位而奋力抗争并度过了很长一段艰难的日子。这主要是因为一个世纪之前，女性在各种学科上都得不到应有的教育。但是，坚强的女性们通过努力已经在高度复杂的数学领域做出了显著的成果。

索菲娅·柯瓦列夫斯卡娅

柯瓦列夫斯卡娅于 1850 年出生在俄国，她对数学的兴趣始于父亲把旧的数学便条用来做她房间的墙纸。那个年代，女性不能上大学，但柯瓦列夫斯卡娅给自己请了一位数学家庭教师，学习得非常努力，最终有了自己的发现。她推动了物体旋转理论的发展，并推算出土星的公转方式。直到 1891 年去世，她还是一名大学教授。

阿玛丽·诺特

德国数学家阿玛丽·艾米·诺特于 1907 年获得了博士学位。可一开始，没有大学肯给她——或者任何一名女性——提供数学方面的工作。最终她的支持者（包括爱因斯坦）在哥廷根大学给她找了份工作——她最初的薪水都是由学生付的。1933 年，她被迫逃离德国前往美国，在那儿当上了一名教授。诺特利用系统方程式推导出新的理论，并关联到完全不同的学科领域。

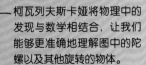

柯瓦列夫斯卡娅将物理中的发现与数学相结合，让我们能够更准确地理解图中的陀螺以及其他旋转的物体。

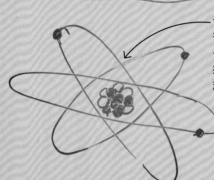

诺特展示了适用于所有物体——包括原子——的对称性如何揭示出物理学的基本规律。

希帕蒂娅研究出将一个圆锥体切割成不同类型弧线的方式。

虽然巴贝奇没有制造出计算机，但两个世纪之后计算机终于按照他最初的想法制造出来。如果当时他能制造出计算机，应该是依靠蒸汽动力运行的。

希帕蒂娅

希帕蒂娅于公元 355 年左右出生在亚历山大城，该城后来成为罗马帝国的一部分，父亲是一名数学家和天文学家。希帕蒂娅后来成为一所重要学校的领导者，众多伟大的思想家们在这里努力探寻世界的真谛。据说因为其主张的学说威胁到了基督教，她于公元 415 年被基督教暴徒谋杀。

奥古斯塔·艾达·金

金出生于 1815 年，是诗人拜伦勋爵唯一的孩子，但鼓励她学习数学的却是她的母亲。她后来认识了查尔斯·巴贝奇，并和他一起研究他的计算机。虽然巴贝奇从来没有制造出一台可以工作的计算机，但金却编写出了世界上第一个我们现在所说的电脑程序。计算机编程语言"艾达"就是以它命名的。

电脑术语"漏洞"（BUG，原意为臭虫）就是由哈珀发明并普及的，它指的是系统代码的错误，就像图中那只被困在电脑中的飞蛾。

南丁格尔在图表中比较了 1854 年至 1855 年在克里米亚战争中阵亡士兵的死亡原因。每一片扇形代表一个月的时间。

蓝色代表死于可预防疾病的人数。

黑色代表死于其他原因的人数。

粉色代表死于创伤的人数。

弗洛伦斯·南丁格尔

这位英国护士对 19 世纪医务护理的发展做出了卓越的贡献。她运用统计学说服官员，对于士兵来说，传染病要比创伤危险得多。她甚至独创数学图表（类似于三维饼图）扩大了数学对医务护理的影响。

格蕾斯·哈珀

作为一名美国海军少将，哈珀编写出了世界上第一个电脑编译程序——将语言转化为电脑代码的程序。她也编写了第一个能供多台计算机使用的程序。她于 1992 年去世，哈珀号驱逐舰就是以她的名字命名的。

"看" 出答案

你看到了什么？

训练大脑视觉区域的第一步就是要去练习怎样识别看到的信息。下面几组图片都是由三个不同物体的轮廓图形叠加而成。你能看出它们分别是什么物体吗？

1

2

3

4

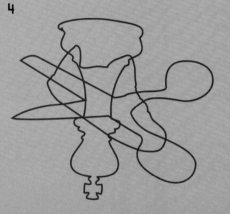

二维思考

用16根火柴（如下图）摆成五个正方形，只移动两根火柴，你能把五个正方形变成四个吗？

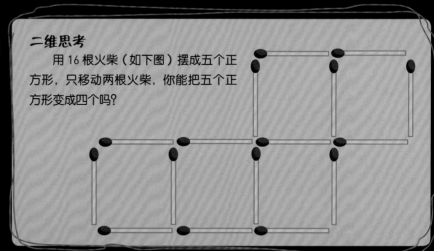

视觉顺序

解答这个谜题需要看着物体想象它移动的景象。如果把这三张图片叠加，最大的放最下面，依此类推，叠加后的图像会是下面哪一个呢？

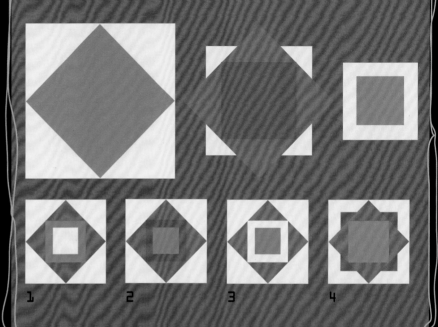

数学不一定非要与数字绑定。有时，把数学问题看成一幅图像会更容易解答——这就是俗称的可视化技术。因为这种可视化数学动用了大脑不同的部位，所以更方便我们找出其中的逻辑性继而得出答案。你能看出这三个问题的答案吗？

测试你想象三维立体图形旋转的能力。如果把这个图形折叠组成一个立方体，你会看到下面哪个选项？

1   2   3   4

看着就能理解

一条庞大的蟒蛇正在爬上一棵树。它身体的一半已经在树上，另一半的 2/3 缠在树干上，另外还有 1.5 米从树枝上垂下来。请问这条蛇有多长呢？

最近的研究显示，玩电子游戏可以促进视觉意识，增强短期记忆，延长注意力集中的时间。

大脑有 40% 的区域负责处理视觉接收的信息。

错觉的困惑

视觉上的假象，就像这头大象，它让你去努力想象一个其实根本不存在的意象。幻觉也会激发创意和灵感，让你看到事物不同的角度。你能看出这头大象有几条腿吗？

创造

1 2 3

数字

4 5

学会 数数

我们天生就对数字有意识，但除此之外数学的所有方面都需要学习。我们在学校所学的数学规则和技巧是人类花费了数千年才制定出来的。尽管有些问题看上去很简单，比如，9 后面的数字是几？如何把一块蛋糕分成三份？怎样画一个正方形？但其实在很久之前这些问题都需要人们去找寻答案。

1. 手指和计数

人类用手指数数已经有 10 万年的历史了。以前人类通过数数来保持牧群的数量或者计算日期——因为我们人类有 10 根手指，我们就用 10 个数字去数数——数字 0、1、2、3、4、5、6、7、8 和 9。事实上，"数字（digit）"这个词本身就有"手指"的意思。当早期的人类数数用完手指时，他们会在物体上刻记号做标记。已知最早的标记出现在一只猩猩的腿骨上——距今已经有 3.7 万年的历史了。

4. 古埃及数学

分数让我们知道如何分东西——比如，四个人怎么分一条面包。现在，我们知道每个人可以分到 1/4。古埃及人在 4500 年前就运用荷鲁斯神之眼创造出了分数。这个眼睛的不同部分代表不同的分数——这些分数都只是通过减半一次、两次以及更多次得来的，因此还有很大的局限性。

5. 古希腊数学

大约公元前 600 年，希腊人就已经区分出现代数学的各个类别。希腊数学的重大突破在于不仅仅提出了有关数字和图形的理论，而且还证明了这些理论的正确性。希腊人证明的许多规律都经受住了时间的考验——比如我们现在仍然需要在图形中运用欧几里得定理（几何学），在三角形中运用毕达哥拉斯定理（也就是我们所说的勾股定理）。

2 · 从数数到数字

大约 10000 年前，近东地区出现人类第一批书面数字。那里的人用黏土作为计数器，并用不同形状代表不同的物体，比如八块椭圆形的黏土代表八罐油。刚开始，人们把这些黏土粘在图片上计数，后来发现这些图片本身就能计数。所以那幅代表八瓶油的图片就演变成数字 8 了。

3 · 古巴比伦数字规则

大约 5000 年前古巴比伦人就发明了"位值规则"（详见第 29 页）：单个数字的位置可以影响整个数字的大小——比如 2200 和 2020 就是两个不同的数字。我们用十进制计数。先是从 1 到 9 的单个数字，然后进位（10，11，12，…）。但是古巴比伦人用六十进制计数，他们用楔形标记表示数字。

6 · 现代数学

希腊的数学理论逐渐传播到了中东和印度，在那里推动了现代数学的发展。1202 年，斐波那契（意大利的一位数学家，以斐波那契数列闻名）在《计算之书》中将东方的数字和各种发现引进了欧洲。这也就是为什么我们现在的数字系统是基于古印度的数学理论而来的。

古埃及人用脚步标记表示加法和减法。他们站成一列，通过想象向右走（加法）或者向左走（减法）来理解计算。

小游戏

嘶嘶—嗡嗡

尝试用不同的方式数数。这个游戏参与的人越多越好玩哦！大家轮流数数，遇到 3 的倍数时必须说"嘶嘶"，遇到 5 的倍数必须说"嗡嗡"。如果遇到既是 3 的倍数又是 5 的倍数则说"嘶嘶－嗡嗡"。说错了的人就淘汰，坚持到最后的人获胜。

嘶嘶—嗡嗡！
嘶嘶—嗡嗡！

数字 系统

古代的数字系统经历了数个世纪演变成今天我们所熟知的数字。我们现在所知最早的数字系统是古巴比伦数字，5000多年前起源于古代伊拉克。

数字表格

几乎所有的古代数字系统都基于同样的想法：先设计"1"的标志，然后再重复它来表示其他的单个数字。对于更大些的数字——通常是从10开始，则会再设计一套系统来表示。这些数字系统都能重复利用不断书写。

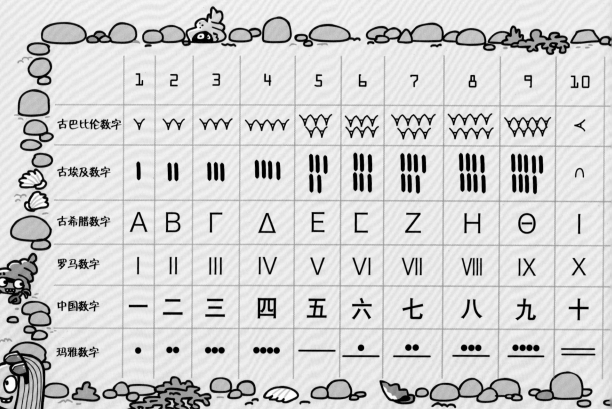

	1	2	3	4	5	6	7	8	9	10
古巴比伦数字	Y	YY	YYY	YYYY	YYYYY	YYYYYY	YYYYYYY	YYYYYYYY	YYYYYYYYY	<
古埃及数字	I	II	III	IIII	IIIII	IIIIII	IIIIIII	IIIIIIII	IIIIIIIII	∩
古希腊数字	A	B	Γ	Δ	E	Ϝ	Z	H	Θ	
罗马数字	I	II	III	IV	V	VI	VII	VIII	IX	X
中国数字	一	二	三	四	五	六	七	八	九	十
玛雅数字	•	••	•••	••••	—	•̲	••̲	•••̲	••••̲	̲̲

聪明的八爪类动物几乎能很准确地用8进制系统去数数。

巴比伦人用一只手手指上各个关节来数12个数字。

十个十个地数

大多数人都用两只手数数。我们有十根手指，所以我们有十个数字（"数字"和"手指"在英文里是同一个词：digit）。这种数数方法就是十进位系统。

1
2
3
4
5
6
7
8
9
10
11
12

六十进制

巴比伦人用六十进制法来数数。他们的一年有360天（6X60）。我们现在还不确定他们到底是怎么用手指数数的。一种说法是先用一只手的关节代表1到12，然后用另一只手手指代表12的倍数——从12数到60（如下图）。

24
36
48
12
60

用另一只手的手指代表12的倍数。

用数字建造

古埃及人运用数学知识去建造各种房屋。比如，他们知道怎么通过测量金字塔的高度和宽度计算出它的体积。在吉萨建造金字塔所用的石头都经过了精确的测量——因此石头之间紧密贴合，连一张信用卡都塞不进去。

20	30	40	50	60	70	80	90	100
K	Λ	M	N	Ξ	O	Π	Ϙ	P
XX	XXX	XL	L	LX	LXX	LXXX	XC	C
二十	三十	四十	五十	六十	七十	八十	九十	百

技术对话

计算机有自己的两位数系统，称为二进制。因为人类将计算机系统设计成仅有两种状态：开（1）或关（0）的转换器。

走进希腊

很奇怪，古希腊用在数字和字母上的是同一套标记，所以当 β 不是 b 时，它就是 2。

A	阿尔法和 1	E	伊普西龙和 5
B	贝塔和 2	Z	狄加玛和 6
Γ	伽玛和 3	H	截塔和 7
Δ	德尔塔和 4	Θ	伊塔和 8
E	伊普西龙和 5	I	西塔和 9
			约塔和 10

罗马数字

罗马数字系统里，如果单个数字放在比它大的数字前面，那么整个数字的含义应该是大的数字减去小的数字。比如，IV 指 4（"I" 比 "V" 小）。这种算法有点复杂。比如用罗马数字表示 199 就是 CXCIX。

27

大大的 0

　　0 是最后被发现的数字，原因也显而易见——试着用手指数数数到 0，这是不可能的！就算看过下面的介绍，我们也很难马上理解这个神秘的数字。刚开始，人们只是把它当作补位数字，但当人们逐渐意识到它的重要性之后，就再也不敢忽视它的存在了。

0 是什么？

　　0 是指什么都没有，但也并不总是这个意思！零在数学计算及日常生活中扮演着重要的角色。在温度、时间和足球赛比分里，0 都有它的特定价值——没有它，所有的事物都会变得混乱不堪。

> 任何数字乘以 0 都是 0。

> 任何数字减去它自己就是 0。

> 0 是一个数字吗？

> 是的，它是一个偶数。

> 0 既不是正数也不是负数。

> 而且你用任何数字都没法除以 0。

填补空白

　　0 的早期写法是由古巴比伦人在 5000 多年前发明的。它的样子类似这张象形图（右边），起着把其他数字隔开的作用——没有 0，12、102 和 120 写出来将是同一个数字：12。

波罗摩笈多

　　印度的数学家是第一批将 0 当作一个真正数字而不仅仅是补位数字的人。大约公元 650 年，一位名叫波罗摩笈多的印度数学家推算出 0 在计算中的作用。虽然他的一些解答是错的，但他的成果却是数学史上的一大进步。

位置决定大小

我们的十进位系统里，单个位数在数字中的位置决定了它的大小。每个位置的大小是它右边位置的 10 倍。这套位值系统只有当 0 所在位置能表示大小时才有效。所以，在这个算盘中，2 代表千位，4 代表百位，0 代表十位，6 代表个位，组成了数字 2406。

> 没有 0，我们没法区别 11 和 101……

> ……而且这样一来，1 与 1 之间的差别，和 1 与 2 之间的差别就是一样的。

> 倒数读秒时，大箭在数到"0"时发射。

> 零点——00:00——就是凌晨了。

> 海平面的高度是零高度，太空中只有零重力。

小游戏

罗马数字练习题

罗马数字里没有 0，他们用字母代表数字：I 指 1，V 指 5，X 指 10，C 指 100，D 指 500（详见第 26—27 页）。另外，你还记得 27 页讲过的罗马数字的特殊规则吗？比如，IX 指"比 10 差 1 个"，所以是 9。没有 0 导致了计算相当困难。试试用罗马数字（右图所示）将 309 和 805 相加，你就能理解他们在计算上为什么这么困难了。

CCCIX
+ DCCCV

绝对零度

温度测量单位通常有摄氏和华氏两种，但科学家经常使用开氏温标。这个温标的最低温度就是所谓的绝对零度。理论上，绝对零度是宇宙中可能的最低温度，但现实中科学家发现的温度只能无限逼近它，而无法达到这一温度。（注：°C 为摄氏单位，°F 为华氏单位，K 为开氏温标的单位。）

100°C (212°F)	373K 水沸腾
0°C (32°F)	273K 水结冰
-78°C (-108°F)	195K 二氧化碳结冰（干冰）
-273°C (-459°F)	0K 绝对零度

毕达哥拉斯

毕达哥拉斯可能是古代最著名的数学家，他最为人所熟知的是关于直角三角形的理论。毕达哥拉斯从小对周围的世界充满好奇，他在旅行的途中学到很多。他在埃及学音乐，可能是第一个发明音阶的人。

早期旅行

毕达哥拉斯大约于公元前 580 年出生在希腊撒摩亚岛，据称他游历埃及、巴比伦（现在的伊拉克），可能还有印度，并不断学习吸取知识。他在四十多岁时定居在了意大利一个由希腊管辖的小镇克罗顿。

毕达哥拉斯的学校由数学家围成的内圈，以及听众学生围成的外圈组成。根据史料记载，毕达哥拉斯经常在一处安静的树洞里进行研究工作。

毕达哥拉斯将奇数比作男性，偶数比作女性。

对于毕达哥拉斯来说，数字 10 能摆出最完美的图形，这个数字的圆点能组成一个等边三角形。

奇怪的社团

在克罗顿，毕达哥拉斯组建了一个社团，主要教授数学，同时也传播宗教和神话。毕达哥拉斯社团成员遵守着奇怪的社规，比如"屋檐上不允许有燕子窝"，"不能坐在斗上"以及"不吃豆子"。他们逐渐搅入当地政治斗争，与克罗顿当权者意见相左。官员烧毁了他们的聚会场地之后，包括毕达哥拉斯在内的许多成员都逃离了。

毕达哥拉斯定理

毕达哥拉斯这个名字之所以被人们所熟知就是因为他的著名定理。这个定理的内容是：直角三角形斜边（直角相对的那条最长的边）的平方等于其他两条直角边的平方和。定理用数学公式表示为 $a^2+b^2=c^2$（在中国被称为勾股定理）。

斜边（C）的平方等于其他两边（a 和 b）的平方和。

直角三角形的直角正对着最长的边，也就是斜边。

毕达哥拉斯认为所有的数字都是有理数——它们都能用分数表示。比如，5 可以写成 5/1，1.5 可以写成 3/2。但他最聪明的学生，希帕索斯，据说已经证明出√2不能用分数表示，所以它是无理数。据史料记载，毕达哥拉斯无法接受这个事实，非常失落，所以选择了自杀。也有传言说希帕索斯因为证明了无理数的存在而被淹死。

毕达哥拉斯意识到如果水杯按照简单的比例装入水，敲击水杯就能发出悦耳的声音。

数学和音乐

毕达哥拉斯发现悦耳的音符遵循简单的数学规则。比如，一个悦耳的音符可以通过弹奏两根弦得到，其中一根弦的长度是另一根的两倍——换句话说，两根弦的长度比为 2:1。

地球可能是一个天体——毕达哥拉斯是早期提出该想法的人之一。

毕达哥拉斯认为地球是一组天体的中心，这组天体在转动时会发出悦耳的声音。

数字遗产

毕达哥拉斯学派认为整个世界只包含有五种正多面体（有相同平面的物体），如下图所示，它们边的数量各有不同。对于该学派的人来说，这也证明了他们的观点，即数字能解释所有事情。现在的科学家尝试用数学的形式诠释整个世界，所以毕达哥拉斯的理论得以延续。

四面体：
4 个三角形平面

立方体：
6 个正方形平面

八面体：
8 个三角形平面

十二面体：
12 个五角形平面

二十面体：
20 个三角形平面

跳出固定的思维

有些问题不能按照常规方法一步步解决，而需要从不同的角度去思考——有时我们甚至能很简单地"看"到答案。解决问题所依靠的这种直觉是大脑活动中最难解释的一部分。有时，如果你试着用非常规的方法解决问题，反而会更容易看到答案——我们称之为横向思维。

1. 名次变换
你在一次赛跑中赶超了第二名，那你现在是第几名？

2. 爆炸！
如何将10个大头针刺入一只气球里而不使它爆炸？

3. 概率是多少？
你遇到一位带着两个小朋友的妈妈。她告诉你其中一个是男孩，你觉得另一个也是男孩的可能性有多大呢？

4. 姐妹
一对父母有两个女儿，她们是同年同月同日生，但不是双胞胎。那她们到底是什么关系呢？

5. 金钱
你有两个完全相同的钱袋。一个装了些硬币，另一个也装了硬币，只是大小和价值都是另一个的两倍。请问哪个钱袋更值钱呢？

6. 多少？
如果10个小朋友10分钟能吃10根香蕉，那请问多少个小朋友能够在100分钟里吃100根香蕉呢？

7. 左边还是右边？
左手手套可以在镜子里变成右手手套，你知道还有别的方法让它变成右手手套吗？

8. 孤独的人
有一个人从没有离开过他的房子。唯一的访客是每两周给他送一次食物的人。一个风雪交加的黑夜，他终于崩溃，关掉灯去睡觉了。第二天早晨，有人发现他的举动导致了好几个人死亡。为什么呢？

9. 一路向上
什么东西只升不降?

10. 交替
下图中有三个玻璃杯装了橙汁,另外三个杯子是空的。只接触一个杯子,可以让空杯子与装橙汁杯子交替摆放吗?

11. 损失?
一个人以每千克1美元的价钱从美国农民那儿采购来大米,然后去印度以每千克0.05美元的价钱卖掉。结果他变成了一个百万富翁。为什么呢?

12. 3.5?
你能用3根筷子搭起个比3大比4小的数字吗?

13. 冷!
你被困在一个寒冷雪山的小木屋里,屋里温度逐渐降低,天色也渐渐暗了下来。你有一个火柴盒里面只有一根火柴。小木屋里有下面这些东西,你会先点燃什么?
- 一根蜡烛
- 一盏煤气灯
- 一个防风的灯笼
- 有点火器的木柴
- 吸引营救者的信号灯

14. 扶稳了,出发!
世界上有什么东西可以以每小时2000千米的速度载着人前进,却不用加油或任何燃料?

注意安全

15. 扫落叶
一群孩子在大街上扫落叶。他们在一所房子前扫了七堆叶子,在另一家扫了四堆,又在一家扫了五堆。他们把所有这几堆叶子放在一起会有多少堆呢?

16. 家
一个人建造了一所正方形的房子,四面朝南。一天早晨,他隔着窗户看到一只熊。请问这只熊会是什么颜色的?

33

有规律的 数字

几千年前，古希腊人将数字想象成各种形状，因为通过摆放不同数量的物体能形成不同的形状。数字的序列也能形成一些规律。

平方数

如果特定数量的物体能排成没有缺口的正方形，那么这个特定数量的数字就叫平方数。你也可以通过对数字进行"平方"来得到平方数——也就是让数字乘以它自己，比如 1X1=1，2X2=4，3X3=9，…

16 个物体能排成 4X4 的正方形。

1　　　4　　　9　　　16　　　25

$$1^2 = 1$$
$$11^2 = 121$$
$$111^2 = 12321$$
$$1111^2 = 1234321$$
$$11111^2 = 123454321$$
$$111111^2 = 12345654321$$

神奇的 1

对只有 1 的数字进行平方，你会得到很多不是 1 的位数。神奇的是，得出的那串数字从前往后或者从后往前读出来都是一样的。

"奇"数

1，2，3，4，5 的平方数分别为 1，4，9，16，25。算出这个数列中每两个相邻数字之间的差（比如，1 和 4 之间的差是 3）。把答案按顺序写下来，你能看出什么规律吗？

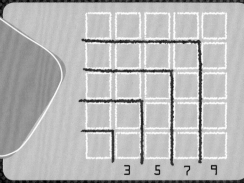

3　5　7　9

三角形数

如果你能用特定数量的物体摆出等边三角形（三条边长度相同的三角形），那么这个特定数量的数字就是三角形数。将连续的数字（相邻的数字）依次相加便可得到三角形数：0+1=1，0+1+2=3，0+1+2+3=6，依此类推。古希腊许多数学家对三角形数很着迷，但现在我们已经用得不多了，除非需要用它来证明数学公式。

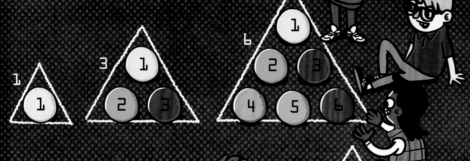

立方数

如果一定数量的物体，比如墙砖，能组合成立方体，那么这个数量的数字就叫立方数。将数字连续两次乘以它自己便可得到立方数，比如 2X2X2=8。

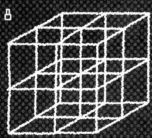

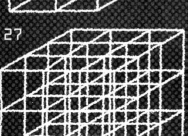

越狱

20 个囚犯被锁在 20 个小牢房里。一个狱警过来巡逻，没有意识到牢房都锁住了，所以又把所有牢房的门锁用钥匙给转开了。十分钟之后，第二名狱警也过来巡逻，把 2、4、6 号等依此类推的房间门锁转动了一遍。第三名狱警过来做了同样的举动，把 3、6、9 号等房间门锁转动了一遍。这一举动一直持续到第 20 名狱警过来把 20 号房间门锁转动了一遍。请问最后有多少囚犯逃跑了？找到其中的规律能帮你快速得到答案哦！

握手

三个朋友见面，每个人都要分别与另外两个人握手一次。请问他们总共握了几次手？可以通过画图的方式得出答案，把人当作点，把点与点之间的连线当作握手，计算连线的数量即可。按照同样的方式再计算出四人、五人以及六人的握手数量。你能从中总结出规律吗？

完美解答？

数字 1、2、3、6 都能整除数字 6，所以这几个数字叫因数。如果一个自然数的因数（不包括它自己）总和正好等于它自己，那么这个数就是完全数（完美数）。所以，1+2+3=6，6 就是一个完全数。你

计算小窍门

数学家利用各种各样的小窍门快速找到答案。这些小窍门大都很好掌握，等你学会如何使用之后做算术题会特别容易，肯定会给老师和同学留下深刻印象哦！

弯曲第九个手指来计算出 9×9

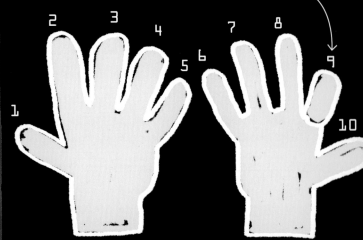

乘法小窍门

熟背九九乘法表是最基本的数学技巧，而下面的一些技巧也能多多少少帮到你：

• 如果想要快速计算乘以 4 的结果，可以简单地处理为先乘以 2 然后再乘以 2。

• 如果一个数字乘以 5，可以先将该数字除以 2 再乘以 10。比如，24×5 可以先 24÷2=12，然后 12×10=120。

• 数字乘以 11 有一个简单的方法，先乘以 10。再加上它本身就能得到答案。

• 两个较大的数字相乘，如果其中一个是偶数，将偶数减半，另一个数加倍。如果减半之后还是偶数，可以重复这一过程。比如，32×125 等于 16×250，也等于 8×500，也等于 4×1000。最后的结果都是 4000。

用手算出乘以 9 的答案

下面有个小窍门，掌握之后你会觉得乘以 9 的运算简直是小菜一碟。

第一步

举起双手让手心面对你。找到要乘以 9 的那个数字，将代表这个数字的手指弯曲。所以，如果是 9×9，就将第 9 个手指弯曲。

第二步

找出弯曲手指左边的那个手指代表的数字，将它与弯曲手指右边的手指的个数相结合（不是相加）。比如，如果弯曲第九根手指，你可以将左边的数字 8，与右边的数字 1 相结合，得到 81（9×9=81）。

亚历克斯·莱迈瑞

通过大量的练习，人类可以在不使用计算器的情况下手算出各种复杂的运算。2007 年，法国数学家亚历克斯·莱迈瑞就算出了类似的数字：如果让一个数字乘以它自己 13 遍，会得出一个 200 位的数字。他能在 70 秒内计算出正确答案！

除法小窍门

下面有很多小窍门能帮你快速解决除法问题：

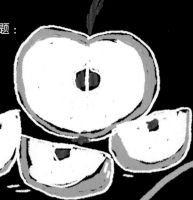

- 可以通过加总一个数字的每位数来确定它是否能被 3 整除。如果相加结果是 3 的倍数，那么这个数字能被 3 整除。比如，5394 能被 3 整除，因为 5+3+9+4=21，是 3 的倍数。

- 如果一个数字能被 3 整除，并且最后一位是偶数，那么它就能被 6 整除。

- 如果一个数字每位数加起来总和是 9 的倍数，那么它就能被 9 整除。比如，201915 能被 9 整除，因为 2+0+1+9+1+5=18，是 9 的倍数。

- 怎样知道一个数字是否能被 11 整除呢？从这个数字左边的第一位开始，减去下一位数字，然后加上再下一位数字，然后再减，依此类推。如果答案是 0 或者 11，那么这个数字就能被 11 整除。比如，35706 能被 11 整除，因为 3-5+7-0+6=11。

在东亚，有些人会使用算盘进行计算，速度非常快。

计算小费

如果你在餐厅用餐之后想留下 15% 的小费，这儿有一个简单的计算方法。先算出 10% 的结果（将数字除以 10），然后再加上这个数值的一半，便能得出答案。

$$10\% \times 35 = 3.50$$
$$3.50 \div 2 = 1.75$$
$$3.50 + 1.75 = 5.25$$

快速平方

如果你需要计算一个两位数且个位数是 5 的平方，那么你可以将第一位数乘以它自己加 1 的和，然后将 25 放在末尾，得出答案。所以，计算 15 的平方，可以 1×(1+1)=2，然后再连上 25 得出 225。下面也列出了如何计算 25 的平方：

$$2 \times (2+1) = 6$$
$$连上\ 25 = 625$$

打败时钟

这个游戏能测试你的快速心算能力。如果邀请一组朋友来玩会更有趣。

第一步

首先，其中一人从下面的数字里选两个：25、50、75、100。然后另外一个人从 1 到 10 里选择 4 个数字。将这 6 个数字按顺序写下来。然后让一个人从 100 到 999 中挑一个数字，写在刚才那 6 个较小数字旁边。

第二步

在两分钟之内，对选择的这 6 个数字进行加减乘除，每个数字只能用一次，得出与那个较大数字相近的数。正好得出那个较大数字或者最相近数字的人就是冠军。

阿基米德

阿基米德可能是古代最伟大的数学家。跟其他大多数数学家不同,他相当注重实践,利用数学知识创造了各式各样的新发明,包括一些用于战争的特别装置。

阿基米德在埃及时,总是在亚历山大城的图书馆学习,这是古代最大的图书馆。

据说阿基米德发现测量体积的方法后,跳出浴缸,全身裸体跑到大街上大喊:"尤里卡!(希腊语:有办法了!)"

早期生活

阿基米德于公元前 287 年出生在西西里岛的叙古拉。青年时期远赴埃及并与那儿的数学家一起工作。传说阿基米德回到故乡叙古拉后,听说埃及那帮数学家将自己的发现据为己有。为了惩罚他们的丑恶行径,阿基米德把一些错误的计算成果寄给他们。这些埃及数学家依旧声称这些新发现是属于他们的,人们很快发现这些计算成果都是错的,这些人的行为也因此败露。

尤里卡!

阿基米德最著名的发现源于国王命令他去检查自己的皇冠是否纯金的。为了解答这个问题,他得先测出皇冠的体积,但怎么测呢?当阿基米德坐进装满水的浴缸时,他意识到溢出的水能够测量出体积,从而得出身体——或者皇冠的体积。

天才的发明

我们相信阿基米德发明了世界上第一台天文仪——一台能够展示太阳、月球和其他星球活动的机器。尽管包含阿基米德的名字,但阿基米德式螺旋抽水机并不是他发明的。据说他在埃及了解了这项设计后,就将它引进希腊做水泵了。

阿基米德式螺旋抽水机是一种里面带螺旋桨的圆柱体。螺旋桨在旋转时会把水抽上去。

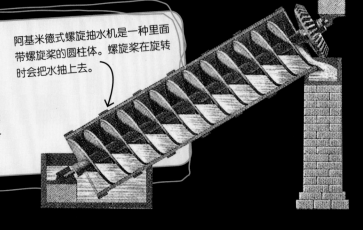

思考宇宙

阿基米德进行过一项研究，目的是计算出宇宙中分布的沙粒数量。他的研究后来被证明是错的——毕竟古希腊人对宇宙知之甚少。但为了找到答案，阿基米德学会了如何书写非常大的数字。这一点对于科学家来说极其重要。比如地球的体积大约为 100000000000000000000000000 立方厘米——1 后面跟着 24 个 0。科学家会将它写得简单得多，即 1×10^{24}——这种简便的记数方式叫作科学记数法（详见第 41 页）。

阿基米德创造了早期的微积分表格，直到 2000 年后才有其他科学家进一步拓展该领域。

行动中的数学

阿基米德声称可以在港口单枪匹马拉动一条满载的船——他最后成功了，通过使用滑轮，他原本的力量得到了加倍的提升。滑轮的作用在于让较小的力量通过长距离转换成短距离上较大的力量。

用这个滑轮组，50 牛顿的力能拉起 100 牛顿重量的物体（牛顿是力的单位）。

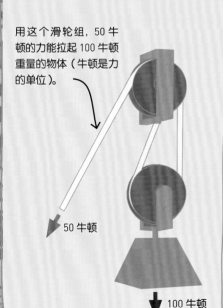

50 牛顿

100 牛顿

阿基米德被入侵叙古拉的罗马人杀死。传说老人死前最后一句话是："不要打扰我画圈！"

战争中的阿基米德

当阿基米德年老时，罗马军队攻占了叙古拉。阿基米德建造了很多战争机器帮助家乡抵抗敌军。传说其中一个是一种巨大的爪子，它可以把追逐的敌军船只拖进水里淹没。另一个是一种巨大的镜子，用于聚焦阳光来点燃敌军的帆船。虽然阿基米德做了很大的努力，但最终罗马人还是取胜并攻占了他的城市。阿基米德于公元前 212 年去世。据说是因为他不肯离开正在进行的计算研究，所以一名罗马士兵发怒杀掉了他。

数学和测量

从看时间到买食物、挑衣服，我们每天都会进行测量。原理是相同的——通过一些测量设备找出想要测量的事物包含多少个测量单位（比如厘米或者克）。

测量

从宇宙的年龄到妈妈的杂物，大多数能用数字表达的东西都能测量。一旦掌握了测量方法，你便能做很多事情，比如制造一辆小轿车，解释太阳为什么会发光。测量在法庭辩论中也扮演着极其重要的角色，帮助我们解决犯罪定罪问题。

进攻路线

刑侦学家运用各种各样的测量方法取得犯罪现场的图片。他们会标记证据所处的位置，测量各种角度，推算出罪犯的活动以及物体的移动轨迹。同时也能验证目击者是否能在他所处的位置看到如他所说的那些东西。

国际标准单位

每种测量都至少有一种单位，而大多数都有多种单位，了解这些具体的单位对于我们每个人来说都极其重要。这七种已经在国际上得到认同的基本单位，叫作国际标准单位（如下表所示）。如果混淆了单位，就有可能发生意外事故。1999 年，一架火星探测器撞上了行星，因为探测器是以米和千克这类单位来编写程序的，但操作员却发送了以英寸和磅为单位的错误指令。

单位名称（符号）	测量内容
千米 [km]	长度
千克 [kg]	质量
秒 [s]	时间
安培 [A]	电流强度
开尔文 [K]	热力学温度
摩尔 [mol]	物质的量
坎德拉 [cd]	发光强度

吻合的指纹

每个人的指纹都不一样。因此警察可以通过测量犯罪现场发现的指纹中线条的形状来比对嫌疑人的指纹，看是否吻合。

压力之下

人的心率和血压等数据都能被测量。测谎仪就是测量类似指标的仪器。但不寻常的身体反应并不一定都是说谎引起的，所以测谎仪得出的结果并不能作为证据。

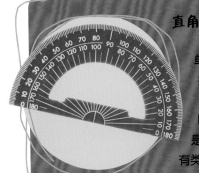

直角

角通常以度为测量单位，该单位起源于古巴比伦（现在的伊拉克）。当时的天文学家想要准确描述夜空中星球的位置，所以把一个圆分成360份，每一份是1度。现在我们用度来测量所有类型的角。

痕迹

无论是去哪儿，你总会留下自身的痕迹——头发、汗液、血迹或者鞋底的泥土颗粒。刑侦学家能在极小的痕迹中检测出化学物质并进行比对，从而找到罪犯。

极小单位

1 微米 = 10^{-6} 米

1 纳米 = 10^{-9} 米

1 皮米 = 10^{-12} 米

1 飞米 = 10^{-15} 米

1 幺米 = 10^{-24} 米

这只放大的蚂蚁下颌有一个 10^{-3} 米（1 毫米）宽的微晶片。

科学记数法

测量一些超级小或超级大的事物时，我们可以用十进制单位的分数，像上面的这些单位，或者用特殊的单位，像下面的那些。超级小或超级大的数字可以运用科学记数法来书写，通过发挥 10 的作用来避免太多的 0 以节省空间。所以，200 万可以写成 2×10^6，百万分之一可以写成 1×10^{-6}。

极大单位

1 天文单位 = 1.5×10^{11} 米

1 光年 = 9.46×10^{15} 米

1 秒差距 = 3×10^{16} 米

1000 秒差距 = 3×10^{19} 米

100 万秒差距 = 3×10^{22} 米

银河系的直径达 10 万光年，即 9.46×10^{20} 米。

如果鞋印相符……

测量脚印不仅能推算出这个人鞋子的尺码，还能推测出他的身高、体重，是跑步还是行走等。我们可以拿鞋底的样式与嫌疑人的鞋作比对看是否相符。

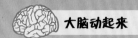

多大？多远？

在各种发明创造已相当完善的现代社会，几乎不再需要你自己去创造什么东西。但如果能运用自己的聪明才智，再加上一点简单计算来解决问题的话，会让你很有满足感的。这里有一些好玩的小窍门、小挑战等着你开动脑筋去实现哦！

看着阴影

你想过自己最喜欢的树有多高，或者你住的房子有多高吗？找一个阳光明媚的日子，用你自己的影子做参考来解决这个问题。最合适的测量时间是在阳光与被照射的物体呈 45 度角时。

你需要

- 一个洒满阳光的日子
- 一把卷尺

第一步

在一个大晴天，站在你要测量的物体旁边，背对着太阳。躺在地上把你的身高标记出来——从头的顶部一直到脚后跟。

第二步

站在标记中脚的位置等着，看着你的影子的变化。当影子与标记的身高相同时，说明阳光正好 45 度角。

第三步

冲向要测量的物体，测量它的影子长度，得到的结果就是它的高度。

如果你没法等到影子的长度和你的身高一样，你可以算出影子长度与身高的比例——比如，影子是身高的一半，那你只需要把物体影子的测量结果再加倍就能得到物体的高度了。

埃及人用手去测量较小的尺寸

一指宽——一根手指的宽度

跨度

手掌

英寸——从大拇指的顶端到第一个关节

罗马人用脚步和步幅测量较长的距离

步幅——一只脚从后走到前总共两步的距离

脚

从头到脚

想象你被海水冲到一座岛上，只有身上的衣服以及一些宝藏。你想先把宝藏埋起来，这样你可以去勘察一下小岛，如果幸运的话就能得救。沙滩上最柔软的区域离一棵棕榈树有一定距离——你怎样测量它到埋藏宝藏地点的距离以便下次能很快找到？解决方法就是用你的身体去测量，这种方法是人类最原始的测量手段，古希腊人和古埃及人都曾经用到它。当然，这套测量系统的缺点就是每个人的体型和尺寸不同，所以得到的测量结果也不同。

预测暴风雨

地平线的那边有一场暴风雨，它到底有多远呢？是来还是走呢？下面有解答。

第一步

看着闪电听着雷声。当你看到一道闪电便开始数数读秒，读到雷声响为止。你可以利用手表上的秒针，如果没有就直接数数。

第二步

然后把总秒数除以3，得到的结果就是暴风雨距离的千米数。所以如果数了15秒，暴风雨就离你5千米远。

在没有表的情况下读秒，可以用比较长的单词来保持准确的节奏。比如："一个毛线球，两个毛线球，三个毛线球……"

测量地球

2000多年前，古希腊数学家伊拉特斯提尼斯就测量出了地球的大小，结果几乎完全准确。下面我们来解密他是怎样做到的，你也可以看看你能不能算出正确答案。

第一步

伊拉特斯提尼斯在埃及南部的西奈偶然发现一口井，每年只有在夏至这一天中午时会发生这样的情况：一束阳光正好照射进井内，而井底的水将阳光反射回去。他意识到这时太阳在正头顶上。

太阳在井的正上方

阳光垂直照射进井里，说明太阳在正头顶

井底的水像是一面镜子，将阳光反射回去

第二步

然后伊拉特斯提尼斯于夏至这一天在埃及南部的亚历山大发现太阳照射地面会投射出一个阴影，形成一个极小的角度。他通过测量画出一个三角形，计算出太阳的光线呈7.2度。

7.2度

西奈　亚历山大

7.2度

第三步

众所周知，地球是圆的。想象两条延伸至地球中心的线，其中一条垂直，另一条与它成7.2°角。一个圆是360度，所以用7.2除以360就能算出这一部分在整个地球周长中的比例。如果西奈与亚历山大之间的距离是800千米，你能算出地球表面的圆周长吗？

大小的问题

从日常生活到极限情况，几乎没有东西是不能测量的。这里有些非常可怕的指数——龙卷风指数、都灵危险指数以及气味指数——了解后就知道到时是该跑呢，还是躲呢，还是掩住鼻子了！

快撤！

火山喷发会通过一个0~8级的指数来衡量，该指数综合考虑喷出物质的数量、喷发的高度以及喷发持续的时间。0代表没有喷发，1代表轻微，每增加1级表示火山爆发威力增大10倍。

0：流出 – **基拉韦厄火山**（仍在喷发）

1：轻微 – **斯特龙博利火山**（仍在喷发）

2：爆炸 – **锡纳朋火山**（2010年）

3：剧烈 – **苏佛里耶**（1995年）

4：灾难 – **艾维法拉火山**（2010年）

5：多发 – **维苏威火山**（79年）

6：巨大 – **喀拉喀托火山**（1883年）

7：超级巨大 – **米诺斯火山**（公元前1600年）

8：超级规模 – **黄石火山**（64万年前）

末日浩劫？

小行星不仅仅存在于电影中——也广泛存在于太阳系。天文学家用都灵危险指数测量小行星撞击地球引起的毁坏程度。0表示撞击基本不可能发生；5表示有近地物体接近，不确定必然撞击；10表示我们都无法幸免将被全部毁灭。

胡茬指数

一个胡须秒是指一个人的胡子一秒钟长出的长度：5纳米（5×10^{-9}米）。这种极微小的测量一般只有科学家用得到。

嘘嘘嘘！

声音变幻无常，测量起来会有些小困难。它可以在频率上高或低（用赫兹测量），也可以在音量上很大或很小。声音大小是用分贝（dB）测量的，与声波震动威力的大小有关。人类能听见的最小的声音就是0分贝，典型的演讲声音为55~65分贝，30米外一架喷气式飞机的引擎声响为140分贝。声音超过120分贝就会对我们的听力造成损伤。

龙卷风

藤田级数，又叫"龙卷风指数"，是根据风速和毁坏物体的数量来估算龙卷风强烈程度的标准。F-0 级龙卷风会毁坏烟囱，F-3 级会将房顶掀翻，F-5 会将整个房子吹跑。

F-0：64~116 千米 / 时 – **轻微毁坏**

F-1：117~180 千米 / 时 – **一些毁坏**

F-2：181~253 千米 / 时 – **显著毁坏**

F-3：254~332 千米 / 时 – **剧烈毁坏**

F-4：333~418 千米 / 时 – **破坏性灾害**

F-5：419~512 千米 / 时 – **毁灭性灾害**

像谷仓一样大

谷仓看上去挺大的，足够我们几个小伙伴在里面尽情地玩耍。但从物理学的角度来说，它就相当于一个铀原子其原子核的大小，所以它其实非常小。

当心！

如果你正好处于雪山区域，应该注意雪崩危险指数。这个指数用颜色代码表示，类似于交通信号灯——绿色代表低风险，可以出行；黄色和橘色代表中等风险，要小心；红色和黑色表示你应该呆在家里，否则你自己就可能引起雪崩。

"一口"指数

一口食物的数量大约为 28 毫升。但谁会想要了解一口食物的准确数量呢？

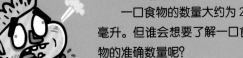

辣！辣！辣！

辣椒的辣度是用史高维尔指数测量的，范围从 0（轻微）到 100 万（爆炸）。

0：甜椒

2.5×10^3：墨西哥辣椒

3×10^4：红辣椒

2×10^5：哈瓦那辣椒

10^6：印度鬼椒

呸呸呸！

我们甚至可以用气味指数测量讨厌的气味，这个指数范围从 0~100。

0：没有气味

13：一般放屁的气味

50：让人作呕的气味

100：致命的气味

马力

马力是测量引擎或马达动力产出的单位。这个测量指数源于刚刚发明了蒸汽机时，人们将它与马的动力进行比较。这个比较没有得出结果，但现在我们仍然用"马力"为小轿车和货车的动力定级。

神奇的数字

认识数列

数学就是寻找规律——数字、图形以及其他任何东西的规律。在有规律的地方，我们一般都能发现些有趣的事：数列会遵循某种规则或规律——找出这种规律的过程会非常有趣。

数列的种类

数列主要有两种类型：等差数列和等比数列。在等差数列中，每两个相邻数字之间的差值是一样的，所以数列1，2，3，4就是等差数列（每项之间的差值都是1）。等比数列就是指数列的相邻各项以固定的比率增加或减少，比如1，2，4，8，16（数字依次加倍）是一个等比数列。

5, 10, 15, 20

等差数列中，数字是以同样的大小增长

1, 2, 4, 8, 16

等比数列中，数字是以同样的倍数增长

接下来是什么？

找出数列的规律后，你就能知道接下来的数列项应该是什么了。19世纪经济学家托马斯·马尔萨斯发现，地球上的粮食数量随时间是以等差数列方式增长的，但是人口却是以等比数列增长的。所以这意味着粮食的供应跟不上人口的发展，如果一直这样下去，总有一天我们就没有粮食可吃了。

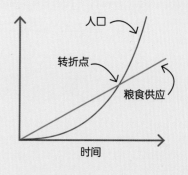

1965年，电脑专家高登·E·摩尔预测电脑的性能每两年就会翻倍。结果他说对了。

小游戏

它们的规律是什么？

你能找出下面各数列的规律并算出下一项吗？

A 1, 100, 10000, …

B 3, 7, 11, 15, 19, …

C 64, 32, 16, …

D 1, 4, 9, 16, 25, 36, …

E 11, 9, 12, 8, 13, 7, …

F 1, 2, 4, 7, 11, 16, …

G 1, 3, 6, 10, 15, …

H 2, 6, 12, 20, 30, …

每个数字都是前两个数字的和

1, 1, 2, 3, 5, 8, 13, 21, 34, 55...

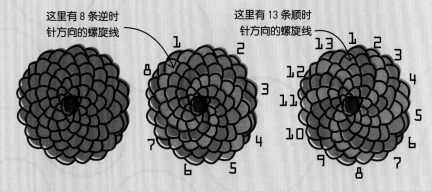

斐波那契数列

斐波那契数列是最著名的数字公式之一，它是以发现它的意大利数学家的名字命名的。数列中的每一项都是前两项的和。自然界中到处都能看到这个数列，特别是在植物身上——比如花瓣的数量、种子的排列以及树枝的扩张。

很多花的花瓣数量都遵循斐波那契数列

黄金比例

斐波那契数列与另一个神秘数字紧密相连——大约为 1.618034——就是著名的 phi，或者说黄金比例。比例是指两个数字之间的关系。2:1 的比例是指第一个数字是第二个数字的两倍。如果你用斐波那契数列中任意一个数字除以它前面一个数字，得到的结果会无限接近 phi。包括莱昂纳多·达·芬奇在内的一些艺术家都相信 phi 有神奇的魔力，所以会以黄金比例设计自己的画作。

Phi 的标志 **φ**

这里有 8 条逆时针方向的螺旋线

这里有 13 条顺时针方向的螺旋线

斐波那契螺旋

如果你近看小花或者花朵中间的种子，比如向日葵或者松果的图案，你会发现两条方向相反的螺旋线。如上图所示，螺旋线的数量就是斐波那契数列中的数字。

小游戏

美丽的数学

试试你在数学艺术方面的天赋。在一系列的正方形中画出一个黄金矩形，然后再通过它画出一条黄金螺旋线。

你需要准备：
- 一张白纸
- 铅笔
- 直尺
- 圆规

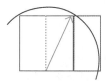

第一步

画一个小的正方形，在底部的那条边的中点做个记号。以这个点为圆心，以该点到正方形左上角或右上角的距离为半径画一段如图所示的圆弧。

第二步

用直尺将正方形底部的那条边向右延长，与圆弧相交，并如图所示补充其他的线段，画出一个长方形。

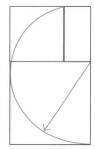

第三步

以新的长方形的那条长边为边，画一个正方形，如图所示。用圆规在正方形里画一段连接两对角的圆弧。

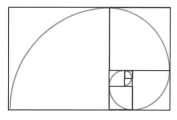

第四步

按照上面的步骤继续画更大的正方形和圆弧，你马上就能画出黄金螺旋线了！

概率

某件事发生的可能性就叫概率。右边演示了帕斯卡如何利用这个三角阵来计算出投掷5枚硬币均为正面朝上的概率。

第一步 有6种可能的结果（0、1、2、3、4或者5个正面朝上）。所以找到三角形的第六排：1、5、10、5、1。

第二步 将6个结果与第六排中的6个数字对应：

全部背面朝上 = 1
1个正面朝上 = 5
2个正面朝上 = 10
3个正面朝上 = 10
4个正面朝上 = 5
5个正面朝上 = 1

第三步 将这一排的数字相加：
1+5+10+10+5+1=32

第四步 想要算出概率，只需将5个正面朝上的数字32，即的数字1除以总和的数字32。即概率为1/32——如果投掷这组硬币1次，可能有1/32的机会让所有5枚硬币全部正面朝上。

布莱士·帕斯卡

布莱士·帕斯卡（1623—1662）是一位科学家、发明家和数学家。他也是一位虔诚的宗教信徒，这都源于他对概率的兴趣。他的论断是，如果（见右边）上帝存在，虔诚的宗教信仰将赐予你上天堂的机会。如果上帝不存在，也无所谓你信仰仰什么了。

三角形的宝库

帕斯卡的这个三角形非常容易构建，只需要将上面的两个数字相加就能得到下面的数字。毫无疑问，这个三角阵里包含了很多受数学家的欢迎的数字。最喜欢的数字公式，包括三角形数、平方数、幂数、甚至还有斐波那契数列。

下面的数字是上面两个数字的总和——比如：
6是1加5的和。

你还可以一直往下增加很多排——你能算出这一排的数字吗？

帕斯卡三角形

数个世纪以前，印度和中国数学家发现了数字三角阵的神奇特性。17世纪，法国数学家布莱士·帕斯卡用三角阵学习概率。从那以后，这个三角形也叫帕斯卡三角形（在中国称为"杨辉三角"，它曾出现在公元1261年宋朝数学家杨辉所著《详解几章算法》一书中）。

找出规律

帕斯卡三角形包含了很多神奇的数字规律。这里只列出了其中一部分。

自然数

三角形数

二的幂数： 每排数字的和均为2的幂数。

1×2=2
2×2=4
2×4=8
2×8=16
2×16=32
2×32=64

斐波那契数列：
将图中一条斜线上颜色相同的数字相加，得到的数字就能组成斐波那契数列。

曲棍球总和：
从边缘的1开始，顺着斜线划过数字，可以停在任意一个数字，然后转弯向反方向的数字。这就是曲棍球模式，最后这个数字的总和就是前面数字的总和。

1　2　3　5　8　13

小游戏

挑战盲文

盲文是一种凸点系统，盲人通过触摸它来"阅读"。每个字母都是这组三排凸起排列。其中的点要么凸起要么是可以摸到，要么就是平的。下面展示了前三个字母。大点代表凸点，小点代表平点。你能算出这6个点有多少种排列组合方式吗？

A　B　C

第一步
正如上面的例子，算出凸点点数量从0到6，每种分别有多少种排列组合。比如，0个凸点只有一种组合，1个凸点有六种组合。你能在帕斯卡三角形中找到答案吗？

第二步
将所有排列组合的数量相加，得到的结果是多少？

第三步
现在，同样的问题，只是换成4个点的摸式，这次我们应该去找帕斯卡三角形的哪排呢？

从某种意义上来说，计算机始于帕斯卡。他于1645年研制出了世界上第一台计算机——一台能做加、减运算的手摇计算机。

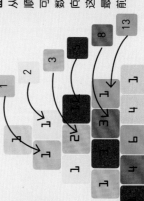

神奇 方格

传说 4000 多年前的一天，玉皇大帝发现黄河里有只乌龟，它身上的壳是由 9 个方格组成的，每个方格里写着 1 到 9 中的一个数字。更奇怪的是，这个由 9 个方格组成的正方形，无论将横排、竖排或者对角线上的数字加总，结果都是 15。这就是世界上最早的神奇正方形。

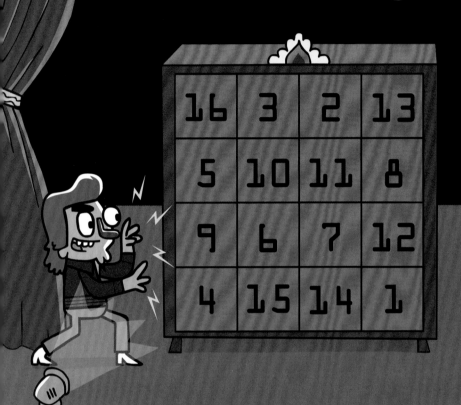

16	3	2	13
5	10	11	8
9	6	7	12
4	15	14	1

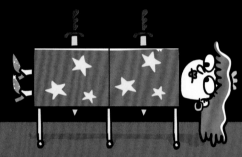

绝妙的加总

不管故事是真是假，神奇方格确实让全世界的数学爱好者都为之着迷。左边这个大方格中，先将每排及每列上的数字加总，然后将对角线上的数字加总，或者将四个角落的数字或者中间的四个数字加总，比较一下结果。你发现那个神奇的数字了吗？

创造神奇

你能将这些神奇方格补充完整吗？每个数字只能用一次。每个方格的神奇数字已经在下面给出。

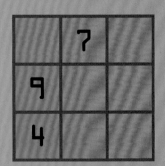

	7	
9		
4		

7		9
	11	16
	6	
13	8	1

	18				23
	25		27	22	31
34	9	1	10		21
6		30	28		16
	14	29	8	20	
	15	35	17	13	

初级（数字范围：1~9）
神奇数字：15

中级（数字范围：1~16）
神奇数字：34

高级（数字范围：1~36）
神奇数字：111

可调整方格

这个神奇方格里，每行、每列及对角线上数字总和都是 22。但是，你可以通过对白色小方格里的数字进行简单的加减来重新设置神奇数字。比如，将白色小方格中的数字都加 1，神奇数字就变成 23 了。

骑士的巡游

国际象棋里，骑士只能以 "L" 形移动，如下图从 1 到 2 再到 3 的路线图。在这个神奇方格中骑士可以任意移动，不过每个位置只能去一次。这个 8X8 的大方格里，骑士要走一圈再回到出发的方格有 26534728821064 种可能的路线。你可以自己找一张空白的大方格练习一下，看看能否找到更多的路线。

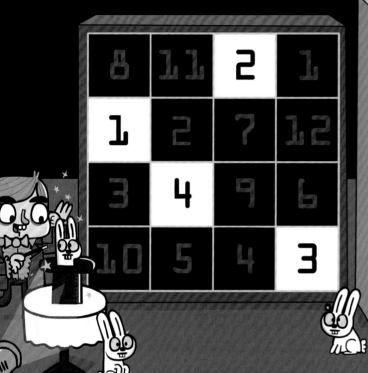

1	48	31	50	33	16	63	18
30	51	46	3	62	19	14	35
47	2	49	32	15	34	17	64
52	29	4	45	20	61	36	13
5	44	25	56	9	40	21	60
28	53	8	41	24	57	12	37
43	6	55	26	39	10	59	22
54	27	42	7	58	23	38	11

你自己的神奇方格

利用上面讲到的骑士移动规则来做一张神奇方格。将数字 1 放在最下面一行的任意一格，然后像骑士那样以 "L" 形移动，在到达其他方格时，放上数字 2、3、4，依此类推。移动时遵照以下规则：

• 向上移动两格然后向右移动一格；
• 如果要到达的方格已经被占，可以直接在最后一次填写的那个数字下面一格写上要填的数字；
• 想象这个大方格是一个首尾连接在一起的圆球——顶部和底部连接，两边也连接——在一边走到头，可以从另一边进入。

所以如右图中这个例子，从 3 移动到方格最左边底部往上第二格，放上数字 4。放好 5 之后，会继续移动到已经被 1 占住的那个格子，所以将 6 直接放在 5 下面那一格。继续这种移动方式直到方格全部填满。

向上移动两格再向右便穿过边缘来到底部左边

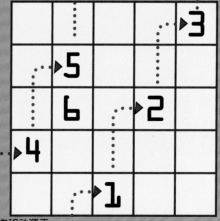

这次移动源于右边顶部的 3

这次移动源于 5，但这个方格已经被占，将 6 放在 5 下面一格

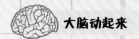

缺失的 数字

类似于数独、数圆和数谜这样的数字游戏对于锻炼大脑智力非常有用。这些谜题主要考察你的逻辑思维能力和一些算术能力，你需要通过逻辑推理来找到需要的数字。

数独

这种游戏在一个 9X9 的大方格里完成，这个大方格由 9 个 3X3 的次方格组成。在每个次方格、每列和每行中，数字 1~9 只能出现一次。你需要利用方格里已经给出的数字，通过计算将空的格子一一填满。每填一个数字，就会出现更多的解题线索。

第一眼最好看数字最多的那行、那列或者次方格。从这些数字中找到一个简单的突破点。

完成的方格

（列、行、次方格）

2	5	7	4	8	1	9	6	3
1	9	3	6	2	7	5	4	8
8	4	6	5	9	1	7	2	2
3	6	1	7	5	8	2	9	4
9	8	5	1	4	2	7	3	6
7	2	4	9	6	3	8	5	1
6	3	2	8	7	5	4	1	9
4	7	9	2	1	6	3	8	5
5	1	8	3	9	4	6	2	7

不要去凭空猜测，如果某个数字有可能填在某个空白处，先用铅笔写在角落，确定后再重新填好。

初级

1		6	4	8		3		
	8			2	3			6
	2						9	7
		2	8		7			
	1			3				7
		7	9		2	4	8	
9	4			6			1	2
7	3						5	
	6	8		7	5	9	3	

中级

7		5			3	1		2
9	6		5		1			
2				4				
						9	2	
8		9				5		3
	7	3						
			6					2
	1			2		6	5	
3	2	4			9		8	

可以去找三个相同的数字，或者说是"三胞胎"。上图中间那块区域的下面和中间的次方格都出现过数字 7，而且分别占了两列，所以上面那个次方格中的数字 7 应该在最左边那列。那列有两格空着，但你看过这两格所在行的数字就会发现只有一个格子可以填数字 7。

数圆

数圆游戏中，每个圆圈中的数字就是环绕它周围四个方格数字的总和。整个大方格中数字 1~9 只能出现一次，通过计算将空白方格填满。

怎么做

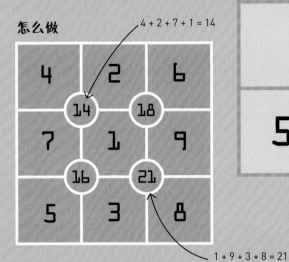

4 + 2 + 7 + 1 = 14

1 + 9 + 3 + 8 = 21

留给你的……

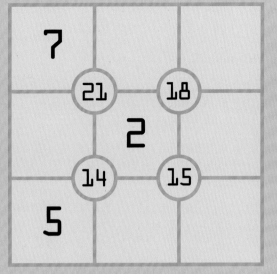

🌀 数字 1~9 你只能用一次，左图是已经完成的方格，展示了计算的方法。现在你可以自己试着去完成上面的方格。

在留给你的谜题中，左下圆圈中的数字是 14，说明它周围四个方格数字总和是 14。所以其中两个空白方格的数字总和要达到 7。你还能找到其他的线索吗？

数谜

除去数字，数谜有点像填字游戏。在空白方格中填上数字 1~9，可以重复出现。这些数字的总和要与每列最上面那个数字以及每行最左边那个数字相等。

怎么算？

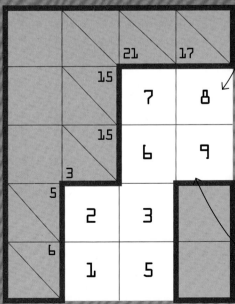

这列数字相加的和是 17

这行数字相加的和是 15

试试这个

	17	20			3	8
16				4		
13			22			
	5		15			5
		12				
21		4				
			8			
	9	1				
7	16					10
17				3		
13	9			12		

数字的含义

世界各国的风俗文化中都会有一些所谓的"幸运"数字，有时也有不吉利的数字。为什么会这样呢？原因有很多，有些是因为数字的发音或形状让人想到某些事物。

17

在意大利，17这个数字非常不吉利。意大利的飞机上通常没有第17排——迷信的航空公司会将这排省去。这是因为，17用罗马数字可以写成XVII——将字母打乱重新排列的话，可以得到"VIXI"，这个词的意思是：我要死了！

4

在中国、日本和韩国，4的发音和"死"类似。在中国的香港地区，一些高楼在排序时会跳过带4的楼层，像是第4、14、24、34和40层。所以一栋顶楼是第50层的高楼不一定真的有50层。

666

在中国，数字6的发音听上去很"顺溜"，所以连续说3个6就像说"万事顺意"。

7

7在很多地方被普遍当作幸运甚至是神奇的数字。爱尔兰民间传说里，第七个儿子生下的第七个儿子会有神奇的魔力。在伊朗，猫被认为有七条命，而非九条命。

14

在美国南部，14是非常幸运的数字。因为它是幸运数字7的两倍——所以你的运气也会加倍。

42

别在日本喊出42——日语中数字4和2和在一起的发音就像是"去去死"。

3

在俄罗斯，如果你想给某人留下深刻印象，把每件事做三遍就可以了。在这里，3 被当作非常幸运的数字，所以与人见面后记得行三次亲吻礼，对于非常特别的朋友可以带给他三朵花。

13

若某月 13 号正好是星期五，一些人就会待在家里不出门——因为 13 对他们来说实在是一个很不吉利的数字。

888

在中国，数字 8 的发音听起来很像"发财"的"发"，因此 8 象征着成功和财富。所以那些带着幸运数字"888"这种超级幸运数字的小汽车车牌号、房间号和电话号码等都相当抢手。

60

古巴比伦人很喜欢数字 60，将它作为数学运算的基础。我们现在已经不像他们当时那样数数了，但还是保留了一些他们数字系统中的元素，比如一小时有 60 分钟，一分钟有 60 秒。

40

在俄罗斯，一只死的蜘蛛能彻底抵消 40 种罪恶。

依赖数字

有些数字发音像"死"，因此会让人感觉不舒服，这一点很好理解。但其他数字我们是怎样赋予其意义的呢？这句话可能是因为在很久以前，人类还不懂科学，但又想要解释为什么会有不好的或好的事发生在我们身上——找不到其他更适合的解释，人们就开始在数字中寻找一种"规律"，将各种问题比如疾病或者长时间的恶劣天气都归咎于它。同样，"幸运"数字会给人一些希望，好像一切都会好起来！

数字诡计

如果掌握了诀窍，你就能用数字玩些神奇的小把戏。利用一些不可思议的运算在朋友面前上演一场小秀，他们会深信不疑觉得你是个天才。

猜生日

利用数学运算玩个小把戏，"猜"出朋友的生日是哪一天。

第一步

递给朋友一个计算器，让他跟着下面的步骤做：

- 将他的出生月份加上 18
- 将答案乘以 25
- 再减去 333
- 然后再乘以 8
- 再减去 554
- 再除以 2
- 再加上出生日期
- 将答案乘以 5
- 再加 692
- 再乘以 20
- 再加上他出生年份的后两位数

第二步

将答案减去 32940，最终得出的一串数字从左至右分别是他的出生月份、日期和年份。

口袋里的零钱

准确猜出朋友口袋里所有零钱的数量，以此展示你非凡的数学运算能力。

第一步

找一个口袋里有些零钱的朋友，硬币总数不要超过 100 元。如果太多，就让他拿掉一些。然后让他跟着下面的步骤做：

- 将他的年龄乘以 2
- 再加上 5
- 然后乘以 50
- 再减去 365
- 再加上口袋零钱总数
- 再加上 115 得出最后的答案

第二步

告诉你的朋友，最后答案中前两位数是他的年龄，后两位数是口袋零钱的总和，他肯定会非常吃惊。

卡普耶卡常数

告诉你的朋友，只需要遵照一个简单而神奇的公式，你就能将任意四位数最多在七步内变换成 6174。

第一步

让朋友写下任意一个四位数，其中至少要有两位数是不同数字——比如 1744 是可以的，5555 就不行。

第二步

将四位数中的数字按由大到小和由小到大的顺序重新排列成两个新的四位数。所以 1744 会得到 1447 和 7441 两个四位数。用较大的数字减去较小的数字，如果结果不是 6174，就重复这个步骤。最多经过 7 次变换，就能得到数字 6174。

这个奇妙的数字公式是由印度数学家卡普耶卡发现的。

预测答案

这个小把戏能展示出你预测正确答案的能力。但实际上你只是运用了一些简单的加总计算。

第一步

在开始之前，将当年的年份数字加倍，比如 2015 × 2=4030。把这个数字写在一张纸上并将它盖住。

第二步

让朋友拿着这张纸并按照下面的步骤做：
• 让他想一个著名的历史年份，再加上他的年龄—— 比如 1969+14=1983。
• 然后将他出生的年份加上上面那个历史年份到现在经历的年数——比如 2001+46=2047。
• 将上述两个答案相加，所以 1983+2047=4030。

第三步

让朋友打开纸上遮盖住的部分，尽情享受他脸上惊讶的表情吧！

猜猜你的年龄

你也可以通过一系列运算揭晓超过 9 岁小朋友的年龄。

第一步

先确认你的表演对象不介意泄露自己的年龄，然后给他一张纸让他按照下面的步骤做：
• 将年龄的第一位数字乘以 5，再加 3
• 将结果加倍再加上年龄的第二位数字

第二步

让他把结果写下来给你看，只要将这个数字减去 6 就能得到他的年龄了。

谜一样的质数

现存的所有数字中，质数是数学家的最爱。因为质数有着特殊的属性。它是指只能被自己和 1 整除的自然数——4 不是质数，因为它能被 2 整除；但 3 就是质数，因为除了它本身和 1，它无法被任何数字整除。

寻找仍在继续

现在对于找出质数还没有公认的简便方法。每找到一个质数都比上一个又困难许多。数学很少能上新闻标题，但只要有新的质数出现就是大新闻。1991 年，列支敦士登为了纪念人类发现新的质数甚至发行了一款邮票。

质数金字塔：

这个数字金字塔上的数字全部都是质数。按照这种模式下一个数字应该是 333333331，但我们惊奇地发现它不是质数。它可以被 17 整除，得到 19607843。

```
       31
      331
     3331
    33331
   333331
  3333331
 33333331
```

小游戏

筛选出质数

要找到较大的质数只能通过计算机。但大约于公元前 300 年，希腊数学家埃拉托色尼发明了这种"筛选"系统来找出较小的质数。

👁 画一个 10X10 的方格，如右图依次填上数字 1 到 100。先把数字 1 划掉，它不属于质数。

👁 下一个数字是 2。只有 1 和它本身能整除它，所以它是一个质数，把它圈出来。

👁 任何通过乘以 2 得到的数字都不可能是质数，所以除了 2 本身，可以把所有 2 的倍数都划掉。

👁 下一个数字是 3。只有 1 和它本身能整除它，所以它也是一个质数，把它圈出来。和上面同样道理，任何通过乘以 3 得到的数字都不可能是质数，所以除了 3 本身，可以把所有 3 的倍数都划掉。

👁 你在划掉所有 2 的倍数时就已经划掉了所有 4 的倍数。再把 5 和 7 的倍数都划掉（除了它们自己）。

👁 剩下的数字就都是质数了。

1	2	3	4	5	6	7	8	9	10
11	12	13	14	15	16	17	18	19	20
21	22	23	24	25	26	27	28	29	30
31	32	33	34	35	36	37	38	39	40
41	42	43	44	45	46	47	48	49	50
51	52	53	54	55	56	57	58	59	60
61	62	63	64	65	66	67	68	69	70
71	72	73	74	75	76	77	78	79	80
81	82	83	84	85	86	87	88	89	90
91	92	93	94	95	96	97	98	99	100

寻找因数

质数是构建其他数字的基础。比如，6 是由 2 乘以 3 得到的，所以 2 和 3 称为 6 的"质因数"。你能找到下面这些谜题中的质因数吗？

第一步

有个数字介于 30 和 40 之间，它的质因数介于 4 和 10 之间。这个数字是多少，它的质因数又是多少呢？为了找到答案，先在 4 和 10 之间找到质数。然后将质数相乘就能找到这个数字。你会发现在 30 和 40 之间只有一个数字符合。

第二步

现在去找 40 到 60 之间，质因数介于 4 到 12 之间的数字。它的因数是多少呢？

聪明的蝉

质数甚至作用于自然界，特别是对于一种叫蝉的昆虫。有些种类的蝉还是幼虫时会在地底下呆上 13 年或 17 年，然后会蜕变成成虫爬出来进行交配。13 和 17 都是质数，这意味着蝉很可能是为了躲避生命周期为 2 年、3 年、4 年或 5 年的食肉动物，这样就有更大的机会活得更久些。

质数立方

将数字 1 到 9 填进下面这个 3X3 的方格里，使每排和每列的数字总和都是质数。不用每次总和都是相同的质数。方格里已经给出 3 个数字，总共有 16 种填法。你能找出多少种呢？

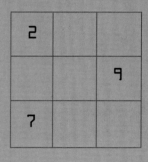

打击犯罪

通过计算机将两个较大的质数相乘相对来说较为容易。得到的结果称为半素数。但是反过来对于一个半素数想要找出它的质因数却很难。这几乎是一项不可能的任务。正因为如此，质数也可用于将信息转换成几乎无法破译的密码——一种称为加密的过程——来保护银行数据和邮件中的个人隐私。

2009 年，一项名为互联网梅森素数大搜索（GIMPS）的国际互联网计算机项目因为找到了一个 1200 万位的质数而赢得了 10 万美元的奖金。

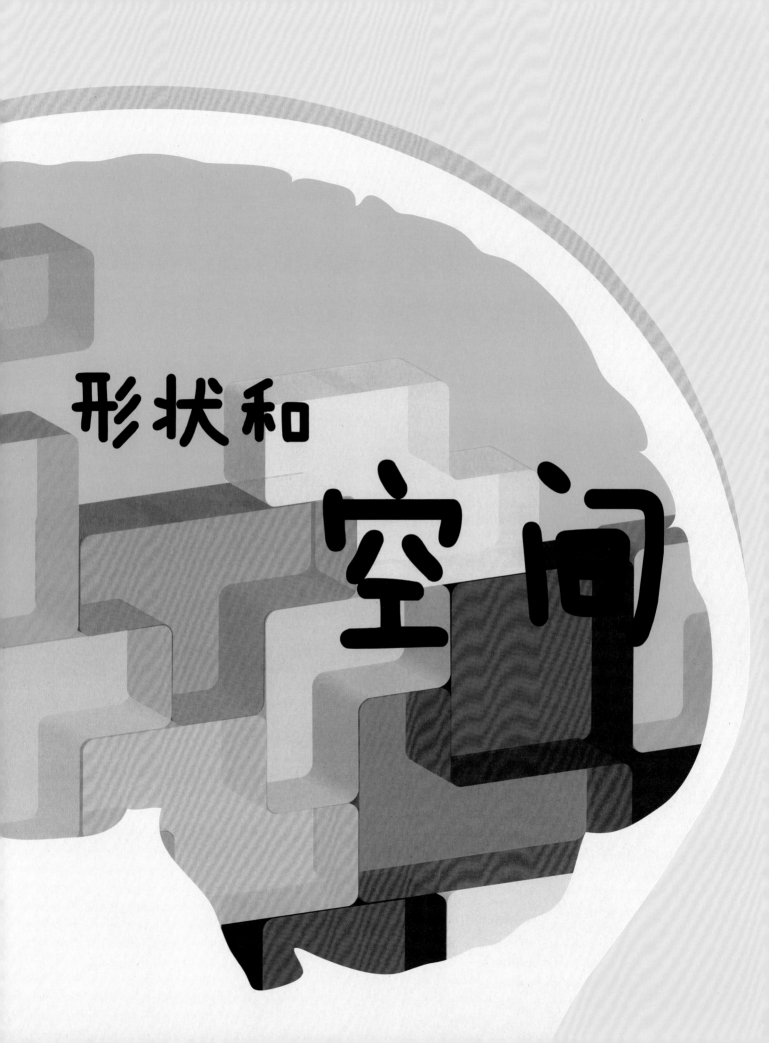

形状和空间

三角形

数学家超爱三角形，但有此喜好的不只他们——这种三边形同样是勘测员、园丁、工程师、建筑师和物理学家的最爱——因为它们是建造直梁最简单却最有效的形状。

等边三角形

等腰三角形

不等边三角形

直角三角形

直角
建筑物中最重要的角度就是直角。建造者用它来确保墙面与地面是垂直的。

三角形的种类
三角形根据边长和角度分为四种主要类型。不管是什么类型的三角形，都有一个共同点：三个角的内角和都是 180 度。

等边三角形：
如果每条边长都相等，每个角都是 60 度，那么这个三角形就是等边三角形。

等腰三角形：
如果有两条边长以及两个角的角度是相等的，那么这个三角形就是等腰三角形。

不等边三角形：
如果所有边长及角的角度都不相等，那么这个三角形就是不等边三角形。

直角三角形：
有一个角是 90 度的三角形称为直角三角形。

在电影和电脑游戏中广泛应用的3D制图法是利用三角形创造出来的。

超级强大！

如果用四根棍子做成一个正方形，它很容易受外力影响变形成为菱形。五边形和六边形也是这样——随便推或拉一下都能让它们变形。但是用棍子做成的三角形，如果棍子和连接处没被破坏，就不会受到外力影响而变形。这也是三角形广泛应用于房屋和桥梁建筑的一个重要原因。

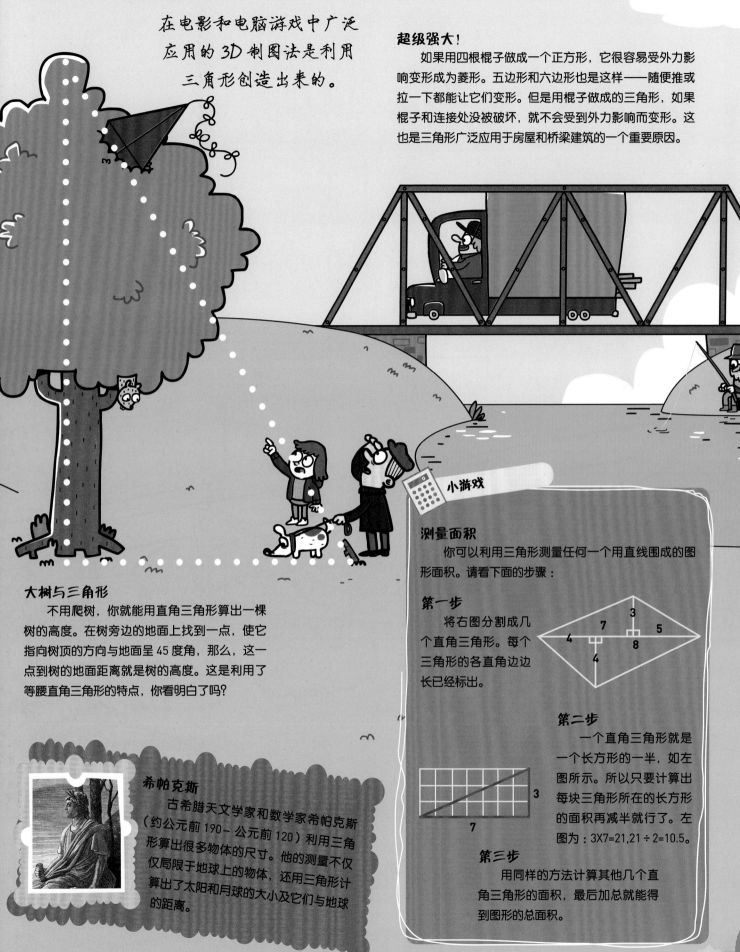

大树与三角形

不用爬树，你就能用直角三角形算出一棵树的高度。在树旁边的地面上找到一点，使它指向树顶的方向与地面呈45度角，那么，这一点到树的地面距离就是树的高度。这是利用了等腰直角三角形的特点，你看明白了吗？

希帕克斯

古希腊天文学家和数学家希帕克斯（约公元前190－公元前120）利用三角形算出很多物体的尺寸。他的测量不仅仅局限于地球上的物体，还用三角形计算出了太阳和月球的大小及它们与地球的距离。

小游戏

测量面积

你可以利用三角形测量任何一个用直线围成的图形面积。请看下面的步骤：

第一步

将右图分割成几个直角三角形。每个三角形的各直角边边长已经标出。

3
7
4
5
8
4

第二步

一个直角三角形就是一个长方形的一半，如左图所示。所以只要计算出每块三角形所在的长方形的面积再减半就行了。左图为：3×7=21,21÷2=10.5。

3
7

第三步

用同样的方法计算其他几个直角三角形的面积，最后加总就能得到图形的总面积。

塑造图形

图形研究是古代数学最主要的研究领域之一。古埃及人在图形研究方面已相当成功，并将其运用于金字塔的建造、土地的测量和星球的研究。不过真正掌握图形知识并在这方面提出许多让我们沿用至今的观念和规则的却是古希腊人。

四边形

任何由四条线段围成的图形都称为四边形，各种四边形之间有一定的联系。比如，正方形是长方形的一种特殊情况，长方形又是平行四边形的一种。

正方形：所有边长都相等且所有角都是直角。

梯形：有两条边平行且边长不等。

长方形：四个角都是直角，相对的两条边边长相等。

风筝形：上下两对相邻的边边长相等，但相对的两边长度不等。

菱形：所有边长都相等但四个角都不是直角。

平行四边形：相对的两条边边长相等且平行。

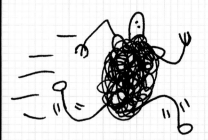

数学中研究图形的领域称为几何学，来源于古希腊词语"土地测量"。

越来越多的边

边、角数量为五个或更多的图形统称"多边形"。

五边形   六边形

七边形   八边形

九边形   十边形

十二边形

更多的边

多边形的边数越多，会越接近于一个圆。

可视对称

大多数规则的图形都有一个特点叫对称。对称有两种类型——轴对称和中心对称。如果一个图形从中间对折后两边完全重合，这就是轴对称。如果一个图形绕着中心点旋转180度后与原来的图形重合，这就是中心对称。这种图形特点在数学和科学领域都相当重要。

对称轴：下面这个对称图形中间那条直线就叫对称轴。

旋转点：如果你把这本书顺时针旋转180度，你会发现下面这个图形是中心对称的，如果你换个方向旋转，得到的结果是完全一样的。

雪花是由六边形的结晶体构成的，所以它有六只翅膀哦！

拥有奇数个躯干的动物是很罕见的，海星就是其中一种，它拥有五个躯干，是轴对称图形，并且有五条对称轴。

想要快速设计一个大型的捕兽罗网？效仿蜘蛛网这种完美样式是最有效的方法。

自然界的图形

大自然中存在很多规则图形和各种对称。大部分动物都有对称轴，而大部分植物都是中心对称。这些形状的产生大多是由它们生长的方式决定的，而同时这些形状对于它们的生长又起到了促进作用。

蜜蜂建造蜂巢用的是六边形小格子，因为这种形状消耗的蜂蜡最少。

硅藻——海洋中的微小生物，有着各种各样的形状，基本都是中心对称或者轴对称。

比目鱼刚出生时是对称的，但长大后会变得不对称，因为它的两只眼睛会移动到头的同一边。

对称的你

人类看起来都是对称的——这是我们对身体的感性认识，不过事实真是这样吗？

👁 你两边的脸部特征会有细微的差别。拿个小镜子垂直地放在鼻子上，然后再去照另一面镜子，你就会看到差别

👁 你的身体里面，心脏比较靠近左边，肺比较靠近右边

👁 大多数人一只脚比另一只脚稍大，会习惯用其中一只手多于另一只手

👁 如果你闭上眼睛试着走一条直线，那么在睁开眼之后你会发现，你在走的过程中实际上会稍微偏向一边。身体的不对称性会让你"跑偏"

完美贴合

如果很多个一模一样的图形能像瓷砖一样相互贴合，没有空隙，这种形态就称为棋盘形。三角形、四边形和六边形都能组成棋盘形状，但五边形就无法做到。一些混合图形也能组成棋盘形状，比如八边形和正方形。

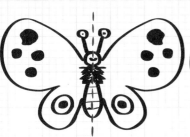

图形转换

这两页的谜题可以锻炼大脑对二维图形的感知。有些图形藏在别的图形里等着你去找出来，有些图形需要你自己动手剪出来。到最后你就能变得火眼金睛了！

三角形计数

仔细看看下面这个三角形金字塔，你能看到什么？可以肯定你能看到很多三角形，但你知道到底有多少个吗？这可能需要你全神贯注地去数大三角形中包含的所有三角形——事情往往不像它们当初呈现的那样简单！

趣味七巧板

你能用几种小图形组成各种各样的其他图形。在中国古代，人们利用这个原理发明了七巧板这个游戏。只需要七个图形，你就能组合出好几百种不同的图形。

你需要：
- 一张方形的白纸
- 剪刀
- 彩色笔

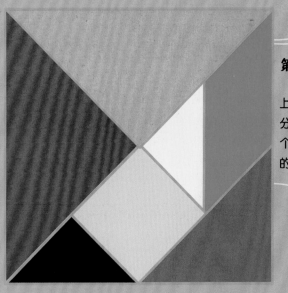

第一步

像左边这样，在一张纸上画一个正方形，并将它划分成单个的图形，然后将每个图形都剪出来并涂上不同的颜色。

第二步

重新排列这些单个的图形，试试摆出兔子的形状（右图）。

第三步

现在可以试试看右边这些图形怎么摆。为了增加难度，我们没有把每块图形的颜色标出来。所以尽情发挥想象力，设计你自己的图形吧！

图形中的图形

这些图形能分成相同的几部分。下面给你开了个头，第一个图形已经划分好。

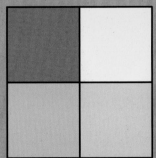

正方形的思考

图中这个正方形已经被分成了四部分，怎样将它划分成五个相同的部分呢？你需要横向思考。

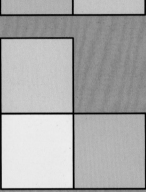

划分这个"L"

图中这个 L 图形被划分成了三个相同的部分，你能把它划分成四个相同的部分么？线索隐藏在图形本身。怎样划分成六个相同的部分呢？

正方形大挑战

接下来的挑战是不准用各种直线，而只用正方形画出下面这个方格，正方形的数量越少越好。好消息是第一个正方形已经帮你画好，坏消息是接下来的挑战会越来越难。

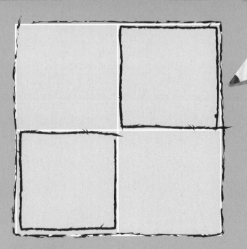

怎么画？

你可以用这三个红边的正方形画出这个 2X2 的方格。

火柴谜题

这些火柴谜题能很好地锻炼横向思维。你可以动手试一试，如果没有火柴，可以用牙签代替。

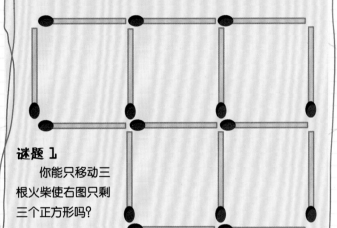

谜题 1

你能只移动三根火柴使右图只剩三个正方形吗？

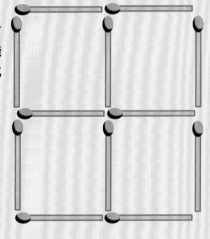

谜题 2

右图摆出了 12 根火柴，你能只移动两根变成七个正方形吗？

热身训练

现在试着用 4 个正方形画出这个 3X3 的方格。

挑战升级

画出这个 4X4 的方格最少需要用到几个正方形呢？

稍微留意下周围你就会发现：圆形无处不在 —— 硬币、曲奇、钟面、轮胎甚至你晚餐时用的盘子。圆是一个重要的图形，它看起来很简单，但当你试着动手去画一个的时候，你会发现这很难。

圆的世界

什么是圆周率?
在每个圆中——无论是轮胎还是钟面——周长除以直径都等于3.141592…，这个特殊的数字称为圆周率，它甚至有自己的标志—— π ——由古希腊人发明。圆中的各种距离都跟圆周率有关。比如，周长是直径的 π 倍。

3.141592653589791...

周长

直径

半径

什么是圆?
圆是指边缘上的所有点到中心点的距离完全相同的图形。这个距离称为半径。穿过中心点跨越整个圆两端的距离称为直径。绕圆一周的距离称为周长。用一支圆规就能很方便地画出一个圆。

小游戏

从圆到六边形
用圆规画个圆，然后试试看能不能按照下面的图样把它变成一个六边形。我们已经给出了一些小提示。

将圆规另一端从中心点开始旋转直到与圆周相交，画出一段弧线。然后将圆规尖头一端放在与圆周相交得到的那个点上，重复上面的步骤直到下面这个图样出现。

先把圆规尖头那端放在圆周上任意一点。

用直尺把圆周上的交点连接起来就会出现一个六边形。

2011年，日本数学家近藤茂花了371天的时间算出了圆周率小数点后十万亿位。

并不完全是个圆

许多人认为各种星球绕太阳运行的轨道是圆形，但其实它们是椭圆形。椭圆——或者说卵形——看上去像挤压过的圆，但它仍然是一个精确的图形。一个圆有一个关键的点，称为中心点，而一个椭圆有两个关键点，称为焦点。试着画一个椭圆你就能看到这两个点（详见右图）。

小游戏

画一个椭圆

下面会教你如何用两只大头针和一些线画出一个椭圆。试着换不同长度的线看看会有什么改变。

第一步
在一块木板上放一张纸，钉两个大头针，这两个点就是椭圆的焦点。

第二步
找一个线圈，长度至少要比大头针之间的距离长3cm，把两个大头针围起来。把铅笔放进线圈里，然后拉住线圈，绕着两个焦点画出圆弧。

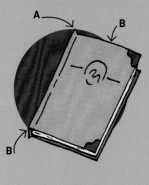

小圆弧的大作用

抛物线是一种特殊类型的曲线，普遍存在于大自然当中，并广泛应用于技术和工程方面。把一个球向斜上方抛，会有一个先上升再降落的过程，这期间的运行轨迹就大致是一个抛物线形状。抛物线在人造结构中也很常见，比如射电望远镜和人造卫星的镜面。曲线的镜面接收信号并反射，将其聚焦于中心的天线。

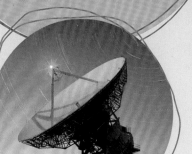

小游戏

用一本书找到一个圆的中心

书在数学研究领域中发挥作用的方式绝不止一种——画一个圆，然后找本比这个圆稍微大点的书。按照下面这种有趣的方式一步步找到圆心。

第一步
将书的一角放在圆周的一点（A），此角的两边与圆周会相交于两个点，做上记号（见两个点B）。

第二步
将书移开，连接这两个点画条直线，这就是这个圆的一条直径。

第三步
重复第一步、第二步找到第二条直径（见两个点C），两条直径相交的那一点就是圆心。

三维 空间

空间的三个维度包括长度、宽度和高度。描绘三维图形是数学的一个重要领域。每个物体之所以有自己特定的形状都是有原因的，理解这些形状的成因有助于我们理解自然界的各类物体，继而帮助我们设计出人工替代品。

构建图形

像金字塔这种常规的三维图形可以用平面图形来构建。另外像砖块这样的三维图形也可以用来构建像房子这样的三维图形。理解其中蕴含的数学原理有助于制造商或建筑师作出最佳的设计。

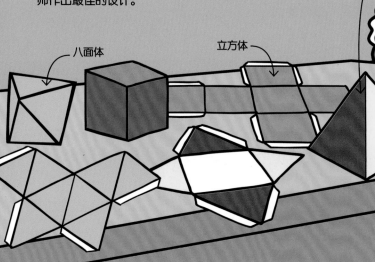

八面体

立方体

金字塔

四面体

晶体结构

很多像树和人这种自然界的事物其形状是不规则的，但有些物体的形状就很规则——比如晶体。晶体是由微小颗粒构成的，这些颗粒会先聚合在一起组成简单的形状，类似于立方体。然后颗粒会越聚越多，立方体也会越变越大。

1985年，几位科学家发现了一种形状跟足球一模一样的分子——截角二十面体。他们将其称为巴基球，这项发现为他们赢得了诺贝尔奖。

球形世界

最简单的三维图形就是球体。这种形状能用最少的表面积包含最大的空间。它们没有角，因此非常结实。像太阳、星球和月球这样的物体之所以是球形的，原因就在于它们形成的过程中，地心引力将它们自身的物质全部聚集在一起。

地球就是一整套球壳：内核、外核、地幔、地壳

圆顶就是半个球面

大多数足球都是由12个五边形和20个六边形组成的，这种形状也叫截角二十面体。

堆放和打包

研究三维图形是设计工作的一个重要部分。比如打包这项工作，要尽量保持最少的重量、花费和材料（包装通常都会被扔掉）。同时打包也需要里面的东西保持完好无损，而且能放在平面上。比如说球形的罐子所需的金属材料最少，但它的制作、摆放和打开都不方便，也不容易放在平面上保持静止，所以圆柱体是比较合适的形状。

椭圆形的蛋

梨形的蛋

完美蛋形

蛋的形状近似球形，这便于鸟类下蛋和孵蛋。比起立方体，这种形状的蛋需要的壳更少。根据鸟巢的位置，蛋的形状有非常多的种类。鸟巢在树上这种安全地方的，鸟类会下很多圆的蛋。鸟巢在峭壁上的，蛋会有一个额外的尖头，使得蛋被敲破时以圆圈式翻滚，而不会掉出悬崖边缘。

三维视图

试着闭上一只眼睛，然后再换另一只，看看两幅图像有哪些细微的差别。大脑会在阴影等线索的帮助下将两幅二维图像合成为一幅三维图像。

构建立方体

解决这个谜题需要在脑中想象这些碎块，通过翻转两两贴合在一起组成一个立方体。这里有9个碎块，有一块是多余的。你能把这些碎块两两组合在一起并找出那块多余的吗？

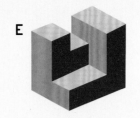
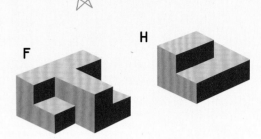
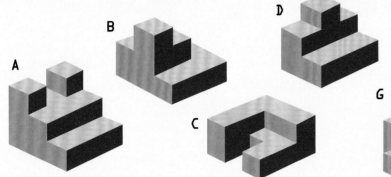

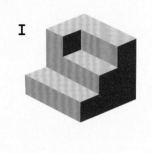

三维图形谜题

用平面的方式去看这些立体的图形对大脑是种很好的锻炼。如果可以把这些图形做成纸片拿在手上任意折叠组合，谜题就会容易得多。

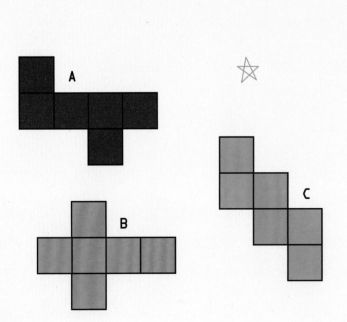
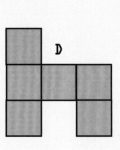
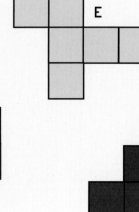

组合拼贴

立体图形展开来就是上图这样的网格图形。这里有几个立方体展开后的网格图形，你能在头脑中将它们还原成立体图形吗？另外，其中还有一个没法折叠组成一个立方体。你能找出那个错的吗？

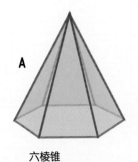

A

六棱锥

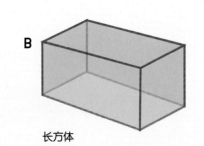

B

长方体

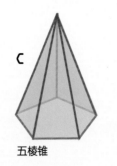

C

五棱锥

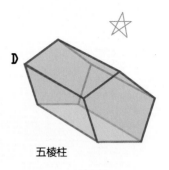

D

五棱柱

图形识别

右边每个三维立体图形都是由不同的二维平面图形组成的。给你的挑战就是将这七个三维立体图形按顺序排成一列，每个三维立体图形都要跟前面一个包含同一个二维平面图形。举个例子，立方体可以排在正方棱锥之后，因为它们都包含一个正方形。共同的二维平面图形不需要尺寸一样。

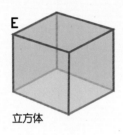

E

立方体

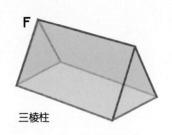

F

三棱柱

G

正方棱锥

你知道吗？
环形多纳圈的形状是一种正式的三维立体图形，称为圆环面——嗯！多纳圈的味道好极了。

追寻踪迹

你能一次画出这些三维立体图形而不重复其中任何一条边吗？试着一笔画出来，只有一个图形能做到这一点。是哪一个呢？你知道是为什么吗？

A

八面体

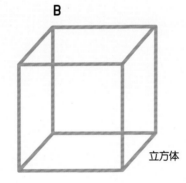

B

立方体

C

四面体

搭积木

以单个立方体为基础，你能想象一下右边这些较大的三维图形中包含了多少立方体吗？如果单个立方体代表1立方厘米，那这些三维图形的体积分别是多少呢？

这个立方体代表1立方厘米

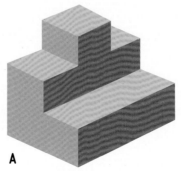

A

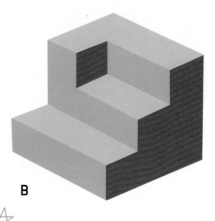

B

75

三维的乐趣

坚硬的鸡蛋

圆顶在各种建筑中都是比较常见的形状，因为它可以承受相当惊人的重量，下面的鸡蛋实验也会证明这一点。

你需要

- 四个鸡蛋
- 干净的卷尺
- 铅笔
- 剪刀
- 一堆较重的书

第一步

将鸡蛋尖头那一端的壳敲碎，但保证剩下蛋壳的完整性，然后将蛋清和蛋黄都倒出来。

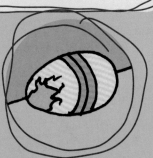

第二步

将卷尺缠绕在鸡蛋中间，沿着尺子绕着鸡蛋画一个圆圈。

第三步

用剪刀沿着线剪齐（如图）。另外三个鸡蛋也像这样准备好。

第四步

将四个蛋壳如上图这样摆成一个长方形，将书一本本地叠放在上面。在蛋壳碎掉之前，你能放多少本书呢？

在这里，我们将会探究蛋形圆顶的显著优势，另外通过一点点的裁剪和折叠，将纸上的平面图形变成三维物体。

四面体小把戏

只需要简单几步，就能用一个信封做出一个四面体。

你需要

- 信封
- 铅笔
- 剪刀
- 干净的卷尺

第一步

将信封封口，把两条长边对折，在中间弄出一条折痕。

第二步

将一只角向下折并与中间那条折痕相交，将折叠的这一点做个记号。

第三步

展开这个角，从那个记号开始在信封上画一条垂直的线，用剪刀沿线剪开。

第四步

留下较小的那部分，如右图那样，将两边的角折向对面，留下两道折痕。

展开的边缘

第五步

把手伸进打开的那一边，将纸撑开就形成了一个四面体，轻拍张开的边缘使它可以立在一个平面上。

四面体应该沿着折痕张开

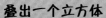
叠出一个立方体

下面会介绍如何把一张白纸变成一个立方体。如果从顶部的小洞灌水进去，你甚至能做成一个水弹。

你需要

- 铅笔
- 正方形的纸

第一步

分别沿着两条对角线将纸对折，然后展开并将纸翻过去。

第二步

分别沿着两条水平线将纸对折，如图所示，并标上号码。

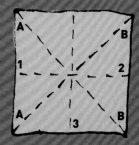

第三步

如下图将纸折叠，使"1"和"2"叠在"3"的上面，"A"对着"A"，"B"对着"B"，变成一个三角形。

正好折叠成一个三角形

第四步

将三角形外边两个角向上折叠与顶端重合。

确保两个角和两边是水平的

第五步

将模型翻转到另一面重复第四步。

第六步

将左右两边的点向中间折叠，与中心重合。

第七步

将顶端两个角向下折叠，插进中间三角形的口袋里。然后将模型翻到另一面，重复第六步和第七步。

第八步

轻轻地把各边拉开，向底部的洞里吹气，便做成一个立方体。

一旦开始吹气，立方体就会马上膨胀起来

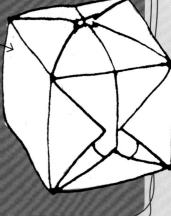

穿过纸张

告诉你的朋友你能徒步穿过纸张，他们肯定不会相信你。下面会告诉你其中的秘诀。

你需要

- 铅笔
- 一张 A4 纸
- 剪刀

第一步

按右图的式样在纸上画出这些线条，然后用剪刀沿着这些线剪开。

第二步

小心地把纸剪开形成一个大大的洞，从洞里穿过去，让你的朋友大开眼界。

莱昂哈德·欧拉

莱昂哈德·欧拉在数学和物理领域都有着非凡的成就。他提出了许多新的论点，可以用来解释许多事物——包括从航行船只到星球这些不同物体的运动。他有一种特殊天赋，能直接"看"出问题的答案。他一生中出版的数学论文比其他人都多——还能背诵1000行的诗。

俄国人在圣彼得堡建立科学院来提升本国的教育和科学水平，以便与其他的欧洲国家抗衡。

前往俄国

欧拉于1707年生于瑞士，之后迅速投身于数学学习。从巴塞尔大学毕业后，欧拉前往俄国加入了凯瑟琳皇家科学院。这个学院是在德国数学家戈特弗里德·莱布尼茨的帮助下创立的。欧拉到学院仅仅六年之后，便接替了另一位瑞士数学家丹尼尔·伯努利的职位，成为数学所所长。

欧拉定理

很久以前，古希腊人发现了五种规则图形，称为柏拉图立体。两千年之后，欧拉发现这些图形都遵守一个简单的规则：顶点的数量加面的数量减去棱的数量恒等于2。

面

棱

角，也叫作顶点

四面体

	角		面		棱		
四面体	4	+	4	-	6	=	2
立方体	8	+	6	-	12	=	2
八面体	6	+	8	-	12	=	2
十二面体	20	+	12	-	30	=	2
二十面体	12	+	20	-	30	=	2

METHODUS
INVENIENDI
LINEAS CURVAS
Maximi Minimive proprietate gaudentes,
SIVE
SOLUTIO
PROBLEMATIS ISOPERIMETRICI
LATISSIMO SENSU ACCEPTI
AUCTORE
LEONHARDO EULERO,
Professore Regio, & Academiæ Imperialis Scientia-
rum Petropolitanæ Socio.
SUPRA INVIDIA

LAUSANNÆ & GENEVÆ,
Apud Marcum-Michaelem Bousquet & Socios.
MDCCXLIV.

数学和物理

《寻求曲线的方法》这类书的出版，意味着欧拉能用数学解决物理方面的问题。他一生中著有800多页的论文，人们在他去世之后花了35年才把他的所有著作出版。欧拉甚至有自己的数字——2.71818…，称为"e"或欧拉数。

动荡不安

18 世纪 30 年代的俄国是一个充满暴力的危险之地，欧拉的学术研究范围也缩小到仅数学一个领域。他于 1742 年前往柏林科学院就职并尝试涉足哲学领域——但研究最终失败并被替换掉。在俄国的凯瑟琳科学院于 1766 年向他提供管理层职位之后，欧拉又回到俄国并在那儿度过余生。

瑞士法郎的 10 元纸币上印有欧拉的头像，很多瑞士、德国和俄罗斯的邮票上也印有他的肖像。

古老的普鲁士王国中的哥尼斯堡，也就是现在俄罗斯的加里宁格勒，从前的七座桥已经变成五座。

普鲁士难题

1735 年，欧拉解答出所谓的"哥尼斯堡七桥难题"。城市中有条名叫普雷格尔的河流，河中间有两块陆地，连接有七座桥。有没有一种路线，可以一次经过所有的桥而不用重复就回到起点？欧拉并没有通过一次又一次的试验去寻找答案，而是运用数学模型来解答这个问题，因此也开创了数学的一个新领域，叫作图论。欧拉的答案是这种路线根本不存在。

天才的一生

欧拉一生中的大部分时间都处于半失明状态，在他再次回到圣彼得堡后没多久就彻底失明了。不过这并没有影响到欧拉的学术研究，因为他有着超强的心算能力。他在 60 岁时研究发现地球、太阳和月球的引力如何相互作用影响，并因此获得大奖。欧拉于 1783 年 9 月 18 日去世，当天他还在计算热气球的上升定律。

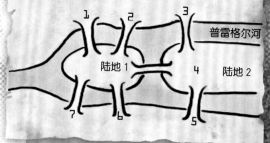

哥尼斯堡
普雷格尔河
陆地 1
陆地 2

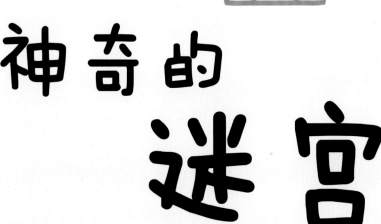

简单的迷宫

像左图这种围墙全部连起来的迷宫要走通很容易。你只需要把手放在屏障上，沿着围墙往前——无所谓哪只手，前进中不要换手就行。然后你会发现，虽然这不是最快的方法，但最后总是能到达出口。

世界上最大的迷宫于2012年在意大利的丰塔内拉托开业，其竹篱围墙的设计参照了罗马马赛克中的迷宫。

神奇的 迷宫

人类几千年来一直热衷于探索迷宫——最著名的迷宫要属希腊神话中克里特岛上潜伏着怪兽的迷宫。而数学家更是钟情于神秘的迷宫，这些看起来很难的问题激发了他们的求知欲，解决难题会带给他们成就感。

复杂的迷宫

这种不是所有围墙都连起来的迷宫没法用一只手规则（详见本页顶部）走通，到最后可能会变成一直在绕圈。相反，你必须不断尝试并记住路线，或者在行进时留下记号标识出你已经走过的路线。

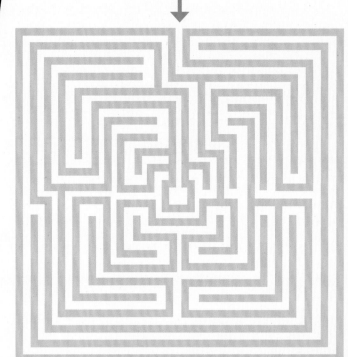

创造一个克里特岛式迷宫

克里特岛迷宫诞生于 3200 多年前，是一种相当简单的单向（单一路径）迷宫。你不会走丢，但你永远不知道绕过下一个拐弯处之后会是什么。下面你可以试着画一个自己的迷宫。

第一步
画一个十字，在其四个区域分别画上四个点，然后从十字顶端的曲线方向画开始如上图所示画一条曲线连接到左上角的点。

第二步
从右上角的点开始如上图顺着上一步的曲线方向画一条曲线连接到十字的右端。

第三步
从十字的左端开始画一条曲线，绕过右下角的点，连接到左下角的点，把之前画的所有曲线都围起来。

第四步
从右下角的点开始画曲线连接到十字的底端，把所有曲线都围起来——这样，一个简单的迷宫就诞生了。

编织类迷宫

如上图所示，在这种令人费解的迷宫中，通道相互交织在一起，类似于隧道和桥梁。虽然通道在穿过另一条通道时不会断掉，但还是要注意迷宫里的死胡同。

将迷宫当作网络

我们可以将复杂的迷宫转化成简单的路线图，称之为"网络"。首先，我们在岔路口和死胡同这些地方做上记号，然后将这些点用线连起来，这样就能清楚地展示出走出迷宫的最短路线了。

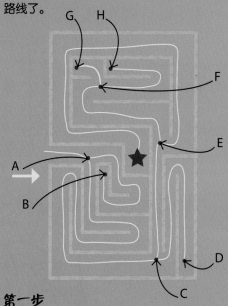

第一步
在每个岔路口和死胡同都做上记号，并如上图所示标上不同的字母。字母的顺序没有关系。将这些点用线连起来就可以展示出所有可能的路线。

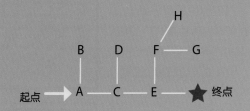

第二步
写下这些字母并用线连起来，以最简单的形式做一个迷宫图。地铁系统的运行图通常就像上图所展示的那样，使工作人员能够更加方便地规划运行路线。

电子网络

网络图的用处很广泛。比如要检查一个电子电路上的各个零件连接得是否正确，把电路做成网络图来操作和检查，远比实际考虑电路中各个零件的准确位置要容易得多。

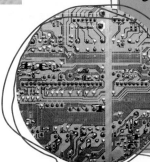

透视游戏

　　看看这条通往远处的小路，我们假设人或物体渐渐远离时是逐渐变小的。在这张照片中，大脑会理解为比起身后的人，最远的那个人简直就是个巨人。但事实上，这三个形像的大小是完全相同的。

视觉
假象

　　大脑会利用从眼睛那里得来的视觉信息判断自己看到了什么。这个过程中大脑会利用各种类型的线索，包括颜色和形状等——一幅带有误导线索的图片确实能骗过大脑。

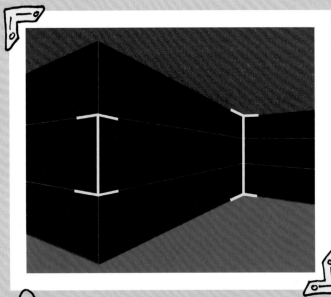

小心缺口

　　我们总是能看清物体的全貌吗？你敢肯定吗？有时候，物体的一部分会比较模糊，大脑就会猜想看到了什么并自动把缺失的部分补齐。比如看到上图时，大脑会填充缺失的部分让你"看见"一个白色的三角形，但事实上它根本不存在。

大一点还是小一点？

　　你的大脑会去努力识别图形。如上图，大脑会认为你是从某个角度在看一堵围墙的两个拐角，而右边黄色那条线肯定比左边那条长——因为它跨越了整面墙的高度。但你可以实际测量一下它们的长度。

年轻或年老？

你的大脑会努力不断识别出图像里显示的内容。在这张图片中既可以看到一位年老的女士，也可以看到一个年轻的姑娘，到底能看成什么则取决于你看的地方：如果你把焦点放在中间，你很有可能看到年老女士的眼睛，但如果看向左边，眼睛就变成了年轻姑娘的耳朵。

创造波浪

信不信由你，下面图形的所有线条都是直的。你的大脑之所以被骗过相信这些都是曲线，完全是因为那些较大方格角落里黑白小方格所在的位置。

颜色的迷惑

我们的大脑会根据颜色在不同照明条件下呈现出的效果做出自己的判断，因为它"以为"颜色已经填充。这张图里，大脑看到的 B 方格会让你觉得阴影里这个方格的灰色会淡一些。事实上，B 方格和 A 方格的颜色是一样的！

不可能图形

我们看一个物体时，每只眼睛会看到一幅平面的图像，然后大脑将两幅图像合并形成一幅立体图像。但有时，看到的平面图像会骗过大脑使它得出错误的结论，所以我们就"看到"了不可能的物体。

国际循环再造标志，是一个无限循环的圆，由莫比乌斯带组成。

畸形的栅栏

先盖住一个木桩，然后再盖住另一个，这样呈现出的图像都是合理的。但看整个图像的时候，你就会发现，这是个不可能的图形。这种图片是由成对的图像结合而成，每个图像都是基于不同角度形成的。

潘洛斯三角形

潘洛斯三角形是以物理学家罗杰·潘洛斯的名字命名的，他将这个三角形广泛推广。如果盖住这个三角形的任意一边，它看着都是一个正常的图形，但如果三条边合在一起看就完全说不通。

疯狂的箱子

有时，只需要通过一个简单的改变就能把不可能的物体变成可能。右图中，只要把老人右手边那根垂直的柱子重新画一下，把它放在前面那根水平柱子的后面，整个箱子就完全没有问题了。

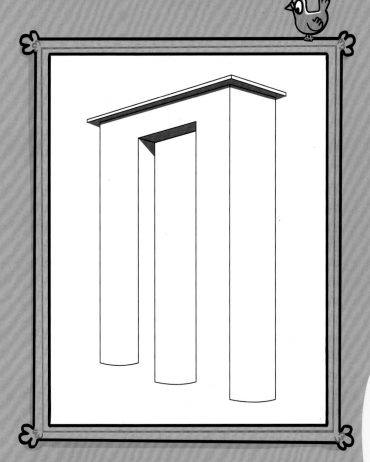

数学家不仅仅研究真实的图形和空间，他们也会去探索想象的世界，而这个世界里空间和几何图形都大有不同。

不可能?

虽然这个图形看上去跟这页其他图形一样奇怪，但它确实是一个真实存在的图形——而且也并不需要从什么特殊的角度去看。你能想到它是怎么做到的吗？这一页某个地方会有提示哦。

空想的叉子

先看叉子的三个脚，然后再看它们顶端的连接，你就会觉得这完全讲不通。但盖上顶部或底部，看上去都是正常的。之所以会有错觉是因为没有背景。但如果试着把背景涂上颜色，你会更加迷惑。

奇怪的带子

莫比乌斯带于 1858 年被发现，是一种不寻常的图形。首先，它只有一个面、一条边。不相信？自己做一个这样的带子，然后用荧光笔沿着外边画线，看看会发生什么。

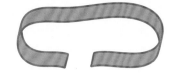

第一步

做莫比乌斯带只需要一张纸和胶水（胶带）。裁出一长条纸带，大概 30 厘米长，3 厘米宽。

第二步

将纸带子一端翻一面，再用少许胶水或胶带将带子两端粘起来。

第三步

为了检验这条带子是否真的只有一个面，可以沿着带子中心画一条线，然后沿着这条线剪开——对于结果你可能会特别惊讶哦！

有趣的 时间

当你从东到西跨过国际日期变更线后，你便跨越了一天。

每个人都知道时间是什么——可能用语言形容会有些困难，但是，不管怎样，我们在每件事情中都会用到它：煮一颗鸡蛋、赶一辆火车或是在一场橄榄球比赛中知道什么时候要吹哨。时间还有什么用处，有人知道吗？

这个时钟会显示出每个时区比格林尼治时间提前或延后几个小时。

横跨大陆
俄罗斯从欧洲延伸到亚洲，跨越了 9 个时区。

格林尼治子午线

两极
所有时区会在南北极会合，只要绕着两极的顶点走一圈，你就能在几秒内穿越所有时区。

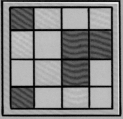

划分时间

古埃及人最早将一天划分成 24 个小时，但他们的小时时间长度不尽相同。为了确保每天日出到日落总是有 12 个小时，他们将夏天白天和冬天夜晚的小时设置得更长一些。

时间的长度

- 千禧年：1000 年
- 世纪：100 年
- 年：365 天
- 闰年：366 天
- 月：28、30 或者 31 天
- 太阴月：大概 29.5 天
- 周：7 天
- 天：24 小时
- 小时：60 分钟
- 分钟：60 秒
- 秒：时间的基本单位
- 毫秒：1 秒的 1/1000
- 微秒：1 秒的 1/100 万
- 纳秒：1 秒的 1/10 亿

自然单位

虽说最准确的时间是以秒为单位，但我们也会因为很多自然事件而使用下面三个单位：

- 1 天：地球绕着地轴旋转 1 圈的时间
- 1 个月：月球绕地球转 1 圈的时间
- 1 年：地球绕太阳转 1 圈的时间

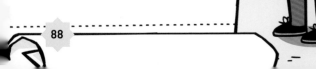

时区

　　全世界共划分为 24 个时区，每个时区的时间都是以格林尼治子午线为基准，提前或延后数小时。这条线是一条想象的线，经度为 0 度，连接南北极，穿过英国伦敦的格林尼治。位于地球另一边 180 度经线的地方，是国际日期变更线。这条想象的线将两边地区分隔成不同的历日。

国际日期变更线

时间旅行
2011 年，萨摩亚群岛把时区从国际日期变更线以东调整到国际换日线以西，结果错过了 12 月 30 日（星期五）这一天。

超级精确

　　大部分现代钟表都会包含一个石英晶体，发送规律的电子脉冲，以此来保持时钟平稳运行——不过运行一年总会有几秒的误差。世界上最好的时钟依靠来自金属原子的光波长度，运行数十亿年也不会有 1 秒的误差。

光年

　　光年是距离而不是时间的测量单位。1 光年是指光行走一年的距离，大约为 9.46 万亿千米。

当大脑发热时，比如说发烧时，生物钟会运行得比较快。

小游戏

生物钟

　　人体内会形成对时间的固有感觉，就是我们常说的"生物钟"。它由白天与黑夜交替组成的时间节奏所控制。如果你坐飞机穿越好几个时区，体内生物钟就会被打乱，人的身体也会因时差感到痛苦。你可以测试一下自己对时间的感觉：睡觉前，在心里设定一个明天早上起床的特定时间。第二天当你醒来，对照一下手表，看看自己是不是准时醒来的。

无　　限

几乎没有人能完全了解无限的含义（它有点像一条无尽的走廊，永远向前延伸，没有尽头也没有限制），但无限在数学领域是一个很有用的概念。许多数列和级数都趋于无限，数字也是这样。这就好比说不可能有最大的数字，因为无论你能想到多大数字，你都能再加1。

无限的符号——将数字"8"水平放置成"∞"，一个没有开始和结束的形状——是英国人沃利斯在其1655年出版的论文《算术的无穷大》中首次提出的。

无限是真的吗？

无限这个概念在数学上有用处并不意味着无限的事物就确实存在。比如，宇宙可能是无限大的，包含无限多的星球。时间也可能是无限流逝而不会结束的，这就叫永恒。

一切皆有可能

只要时间足够长，任何事都有可能发生。比如满屋的猴子敲击键盘最终将打出莎士比亚的所有著作。这是因为莎士比亚的著作是有限的（会结束），但如果给予无限的时间，字母所有可能的序列都终将出现。

无限的特点

虽然无限并不是一个数字，但我们可以将其视为极限，或结束，或者一系列的数字。你可以这样去利用它：

$$\infty + 1 = \infty \qquad \infty + \infty = \infty \qquad \infty \times \infty = \infty$$

$$\infty - 10000000000 = \infty$$

试着在计算器上开发"无限"。用1除以越来越大的数字看看会发生什么。想想看如果能被一个无限大的数字整除，会得到什么结果呢？

数列中的无限

在数列中我们不会使用无限的符号来表示无限的概念，而是在结尾处点三个点。比如 1，2，3，…或者…，-2，-1，0，1，2，…，这个数列既没有开头，也没有结尾。

无限的意象

荷兰艺术家莫里茨·科内利斯·埃舍尔（1898—1972）经常将无限的概念运用在他奇异而漂亮的绘图中。他的许多作品都以交互重复的镜像为特征。在这幅画里，所有蜥蜴之间都没有任何空隙，这些蜥蜴不断向中间延伸至无穷——艺术对于理解无限的意义是一种很好的方式。

无穷的太空

大多数人并不太喜欢这样一种说法：宇宙可能是无穷大的，并无限延伸，也没有最遥远的星球这一说。如果真是这样的话，那一定会有无数个地球和无数个"你"。这听上去很难想象，但这种说法在一定程度上解释了一些科学家假定宇宙必须要有外部边界的原因。

走向永恒

我们不可能完全理解或想象出无限。不过你可以站在两面镜子间感受一下。因为每面镜子会反映另一面镜子里的人像，所以你会看到自己的镜像不断延伸至无穷多个。

格奥尔格·康托尔

格奥尔格·康托尔（1845—1918）成为第一个在数学中解决无限概念的人，他证明了数学中存在不同类型的无限概念。因为他的观点推翻了传统的思维方式，所以遭到了当时数学家的非议和指责。不过，他的理论现在已经被完全接受，并从根本上改变了数学这个学科。

地 图

地图是通过图片或图形展现信息的一种方法。我们最熟悉的地图会用单词、符号和颜色标注街道和地形，提供尽可能多的信息，帮我们找到道路。这些地图通常按比例绘制——也就是说地图上一段较小的固定距离代表着现实地区中较大的固定距离。

各种地图

地图是通过图片展示信息，从而让我们更加容易理解的一种方法。我们有各种各样的地图——比如，流程图就是具体汽车制造过程的一种方法。并不是所有地图都按比例绘制，而是如城市的地下地图，而思维导图则展现了我们的大脑是怎样想出各种点子的。

等高线

地图是平的，但小山却不是，我们怎样在地图上显示出小山呢？答案是利用等高线，它将所有海拔高度一样的点连起来：比方说，一条等高线穿过所有海拔高度是10米的点，另一条等高线穿过所有海拔高度是15米的点，依此类推。

就算是在一张按比例绘制的地图里，也不是所有东西都按比例呈现。比如，公路几乎总是会画得比较宽，让路上的细节更为清晰明了。

数字定位

景观地图由一条条标着数字的网格线组成，这也是它的一大特征。水平线表示东西方向，垂直线表示南北方向。一辆小汽车停在坐标 45 和 02 交叉的那个方格里，方格参考位置就是 4502，也可以写成"东 45，北 2"，或者地图坐标：45,02。

小游戏

看地图

看着地图，你能找出教堂和野营地的坐标吗？

比例

景观地图是对一个区域的展示，对应事物的正确的位置，并且以同比例的距离相互隔开。地图想要做到体积小又方便有用，里面的图像包括所有事物的比例就得同样按得缩小。典型的街道地图大概的比例是 1 厘米比 1 千米。换句话说，地图上 1 厘米大概就代表现实中的 1 千米。比例则会写成 1:100000。

比例 1:100000

0   5   10   15 千米

GPS 的支持

通过地图找到自己的位置也许会弄错——但运用 GPS（全球定位系统）设备就基本不会犯错。利用来自人造卫星的信息，它能找到自己的准确位置并显示在地图上，甚至能为你指引方向。

等高线

A

力的单位牛顿，正是以这位英国伟大科学家的名字命名的。

艾萨克·牛顿

今天，所有的科学研究都要依靠数学来解决问题，并提出新的理论。第一个如此运用数学的科学家就是艾萨克·牛顿。他著有一本关于运动和光学的书，该书通过对数学的运用，告诉我们如何理解宇宙的运行，并以此转变科学研究的方式。

牛顿出生于英格兰林肯郡的伍尔索普庄园。据说他是在看到苹果从树上掉下来之后产生了有关万有引力的想法。

早期生活

牛顿于 1643 年出生，出生三个月前他的父亲刚刚去世。牛顿刚出生时体弱多病（小到可以"装进一夸脱的马克杯"），家人并没有指望他能活下来。当他 3 岁时，母亲改嫁把他留给了外公外婆。牛顿在 18 岁时进入剑桥大学，但 1665 年学校因为瘟疫被迫关闭，牛顿也回到家乡。此后的两年里，牛顿创作出生平最伟大的几部著作。

牛顿将光线穿过棱镜（一种三角形的玻璃块）时，发现白光由彩虹的所有颜色光组成。

看见光明

牛顿潜心研究自然光并找出了光学中的很多规律。他于 1671 年建造了第一台反射式望远镜，利用弯曲的镜子让各种行星显得更近更亮。世界上现存的那些大型望远镜，多数运用了相同的方法。

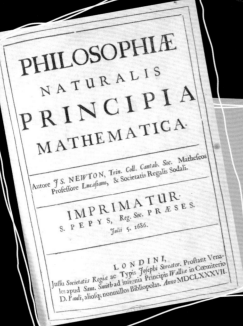

科学的秘密

当天文学家埃德蒙·哈雷向牛顿探讨对彗星的见解时，他发现牛顿已经非常了解它们的运行轨道，以及有关宇宙的大部分数学知识。所以哈雷说服牛顿写了一本关于物体运动的书，并于 1687 年为其出版，名为《自然哲学的数学原理》。它可能是迄今为止最为重要的一本科学读物。

复杂的角色

牛顿是个天才。他不仅建立了许多物理法则，还在数学领域创建了一个新的分支——微积分（研究变量的数学）。但是，牛顿也浪费了大量时间在炼金术上——寻找从普通金属（比如铅）中提取金子的秘诀。他也是一个不轻易宽恕别人的人。他终其一生都在与英国科学家罗伯特·胡克争论，同时在谁创建了微积分这个问题上也与德国数学家莱布尼茨争论不休。

牛顿是出了名的心不在焉。曾经有一次，他本来要煮鸡蛋，后来却发现把怀表煮了，鸡蛋还在手里。

在英国皇家铸币厂，牛顿为了让硬币铸造工艺更复杂，更难被仿制，引进了切削过边缘（带有图案）的硬币。

艾萨克·牛顿爵士

1696 年，牛顿被任命为皇家铸币厂的主管，这里是英国制造钱币的地方。当时的硬币都是用金和银做的，不法分子会削去硬币边缘的贵重金属，或者用便宜的金属制造假币。牛顿想出了很多解决方法，尽量减少这些违法行为。1705 年，为了感谢牛顿为铸币厂所做的贡献，安妮女王封他为爵士。这位伟大的科学家于 1727 年去世，与英国的国王及王后一起埋葬在伦敦的威斯敏斯特教堂。

万有引力定律

牛顿学习了意大利科学家伽利略和德国天文学家约翰尼斯·开普勒的研究成果并汇合了他们的观点后，意识到宇宙中广泛存在着一种吸引力，也就是万有引力。物体的质量（m）越大，万有引力（F）越大。但万有引力会随着物体之间距离（r）的增加而减小。他发现计算两个物体（m_1 和 m_2）之间引力的公式如下，G 表示万有引力的常数。

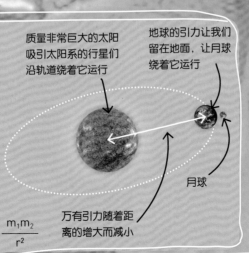

质量非常巨大的太阳吸引太阳系的行星们沿轨道绕它运行

地球的引力让我们留在地面，让月球绕着它运行

月球

万有引力随着距离的增大而减小

$$F = G\frac{m_1 m_2}{r^2}$$

概率

概率论是数学领域的一个分支，研究事情可能会发生的概率。数学家用从 0 到 1 之间的数字表示概率，概率为 0 意味着事情绝对不可能发生，反之概率为 1 说明事情肯定会发生。概率为两者中间的数字说明事情可能会发生，发生的概率可以用分数或百分数表示。

概率是什么?

算出概率相当简单。首先，你可以列出所有可能的结果，计算其总数。以掷骰子为例，掷骰子得到 4 的概率是 1/6，因为掷骰子有六种结果，只有一种是 4。掷骰子得到奇数（1、3 或 5）的概率是 1/2 或者 50%。

概率如何叠加

掷硬币得到正面的概率是 1/2（两个选一个）。第一次反面第二次正面（可以简写成 TH）的概率是 1/2×1/2=1/4。第一次正面第二次也正面（HH）的概率也是 1/4。三次都是反面（TTT）的概率是 1/2×1/2×1/2=1/8。

第一次投掷	第二次投掷	第三次投掷
		1/2 H
	1/2 H	1/2 T
		1/2 H
1/2 H	1/2 T	1/2 T
		1/2 H
	1/2 H	1/2 T
		1/2 H
1/2 T	1/2 T	1/2 T

概率：1/2 　概率：1/4 　概率：1/8

但别碰运气!

如果掷硬币连续四次都是正面，你可能会被误导，认为下一次掷硬币得到反面的概率就更大些。但其实再掷一次得到正面或反面的概率是相同的：HHHHT 的概率是 1/2×1/2×1/2×1/2×1/2=1/32，与 HHHHH 的概率是完全一样的。

混乱无序

这种三维弹球会弹到哪儿几乎是不可能预测的。你发射的每个球其运行路线都会有轻微不同。球出发的位置以及按压弹簧或拉动摇手的力量上细小的差别，也会导致球在桌面上弹跳方向的巨大变化。这种不可预测的行为就称为"无序"。

庄家总能赢

你知道赌场是怎样赚钱的吗？他们会确保赢的概率是偏向他们的。赌场游戏会让"庄家"（赌场本身）有统计上的优势，这就意味着庄家会赢多输少。举个例子，如果在赌场游戏"轮盘赌"里给一个数字下注，你赢的概率是 1/36。但轮盘转动的结果还有第 37 种可能——0。这就让赌场最终有了赢多输少的优势，因为如果最后结果是 0，他就不用给钱。就是这个 0 让庄家有了"优势"。

一副洗好的扑克牌正好按顺序排列的概率少于数万万亿分之一。

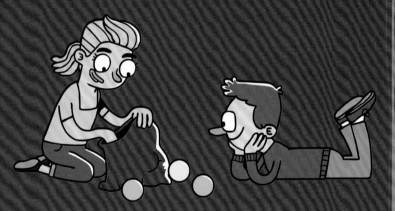

预测

利用概率论，你就能预测或预言事情将要发生的概率。例如，想象你有一个袋子，里面有 5 个红球、6 个蓝球和 7 个黄球。你拿出来的球最有可能是什么颜色呢？答案是黄色，因为黄球的数量最多，所以抽到这个颜色的概率最大。预测不总是准确的，可能你会抽到一个红球或一个蓝球——只是这两种可能性比较低一些。

 小游戏

概率是什么？

有时大脑会误导我们，被一些实际上没有影响的事件所影响。举个例子，看书上和恐怖大片里的描述，我们会觉得鲨鱼对于人类非常危险，但其实被鲨鱼吃掉的人还没有被河马杀死的人多。试试把下列死亡原因按照概率大小排个序吧！

- ◎ 玩电脑游戏精疲力竭
- ◎ 被蛇咬
- ◎ 被河马攻击
- ◎ 撞向灯柱
- ◎ 掉入下水管道
- ◎ 踢足球
- ◎ 被掉下来的椰子砸中
- ◎ 被闪电劈中
- ◎ 被陨石砸中
- ◎ 被鲨鱼攻击

展示数据

如果想要知道世界上现在正发生的事情，你就需要了解真相——或者数据。这些数据总是以大量的数字形式出现，最开始你可能看不出什么，但只要把这些数字按正确的方式呈现，你就能看到一幅图像。现在让我们来看看超级英雄近期的活动数据吧……

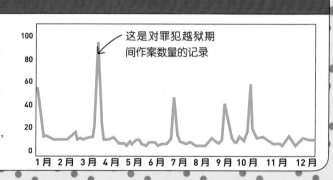

犯罪计数

先捉拿哪个罪犯对于超级英雄来说有些难。但只要对他们的罪行做一个简单的统计（如下图），谁是城市里最大的威胁就一目了然了。

数字狂人

|||| |||| |||| |||| |||

π 巨人

|||| |||| ||||

图示

用线形图将数据按时间标示出来——比如把城市里的犯罪数量标示出来——这样我们就很容易发现罪犯在城里的时间。如果超级英雄能发现罪犯的作案规律，抓捕行动就容易多了。

这是对罪犯越狱期间作案数量的记录

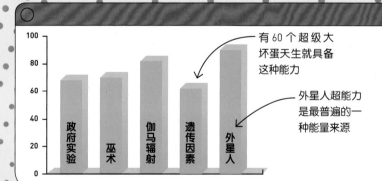

有 60 个超级大坏蛋天生就具备这种能力

外星人超能力是最普遍的一种能量来源

无一例外

与未来坏蛋抗争的途径之一就是找到他们的能量来源并以此打败他们。像这样的柱形图，柱子的高度代表超级大坏蛋各种能量来源的数量，这样比较起来就一目了然了。

名字	秘密身份	助手	英雄或坏蛋	主要敌人
数学侠	有	有	英雄	数字狂人
计算侠	没有	没有	英雄	没有
人形侠	没有	有	英雄	没有
数字狂人	有	没有	坏蛋	数学侠
π 巨人	有	有	坏蛋	没有

表里是什么?

其实掌握超级英雄和超级坏蛋的各种情况是很容易的,一张简单的信息表格就能做到。它以清晰高效的方式展现出每个人各方面的状况,便于我们深入了解他们。

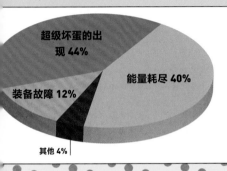

超级坏蛋的出现 44%

能量耗尽 40%

装备故障 12%

其他 4%

天上的馅饼

就算是超级英雄也有失败的时候。问题出在哪儿?左边这种饼状图,用不同颜色的扇形代表不同的原因;每一片扇形的大小又代表着一定的比例,这样就能清晰地显示出主要原因是什么。

力量 17%

速度 8%

智力 40%

灵敏度 12%

能力 23%

轮廓象形图

如果想要画出一个完美超级英雄的轮廓,这种象形图是一个不错的选择,它能较好地展示出各种技能之间的平衡。这张清楚明了的图片包含了各类信息,里面各区域的颜色深浅度反映出各种品质的混合。

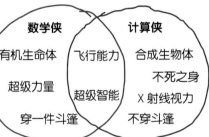

数学侠 | 计算侠

有机生命体

飞行能力

合成生物体

超级力量

超级智能

不死之身

X 射线视力

穿一件斗篷

不穿斗篷

谁做什么?

当你有一组超级英雄时,你需要将他们的技能分类,维恩图是解决这个问题最理想的方法。它能比较出每个人的特征,并显示出哪些技能相同,哪些不同。

检查一下

如果想要为军团招募新的超级英雄,你需要了解他们需要具备哪些技能。下面这张简单的技能检查清单就能帮你做出正确的决定。

◎ 飞行能力
◎ 超级力量
◎ 隐身术
◎ 心灵感应
◎ 超级智能
◎ 超自然力量

逻辑谜题和悖论

解决这类谜题时你必须仔细思考。数学领域的这个分支叫作逻辑学——通过一步步地解决问题来找到答案。但是要小心了！这里有一个谜题是悖论，是一段听上去很荒谬、自相矛盾的陈述。

黑色或白色？

艾米、贝丝和克莱尔戴着帽子，他们都知道这些帽子就两种颜色——黑或白。他们也知道不是所有帽子都是白色。艾米能看见贝丝和克莱尔的帽子；贝丝能看到艾米和克莱尔的帽子；而克莱尔是蒙着眼睛的。每个人都轮流回答自己是否知道自己帽子的颜色。答案依次是：艾米——不知道，贝丝——不知道，克莱尔——知道。请问克莱尔的帽子是什么颜色，她又是如何知道的呢？

逻辑方格

下面每个彩色方格都隐藏了从1到8其中一个数字。根据提供的线索，你能找出每个数字所在的方格吗？

- 深蓝色和深绿色方格的数字加总为3
- 红色方格的数字是偶数
- 红色方格和它下面的方格其数字加总为10
- 浅绿色方格是深绿色方格数字的两倍
- 最右边一列的方格数字加总为11，这两个方格数字只相差1
- 橙色方格的数字是奇数
- 黄色方格和浅绿色方格数字的总和等于最下面一行其中一个方格的数字

理发师的困境

一个乡村理发师为每一个不给自己理发的人理发。但谁来为他理发呢？

- 如果他给自己理发，他就成为给自己理发的那群人中的一个
- 但是他不为给自己理发的人理发。所以他不给自己理发
- 但是他又为每一个不给自己理发的人理发。所以他要给自己理发……这又让我们回到了开头

狡猾的加总

一个四位数，第一位数字是第二位的1/3，第三位数字是第一位和第二位数字的总和，最末位数字是第二位的3倍。这个四位数是多少呢？

带宠物的朋友们

四个朋友每人带着一个宠物，分别是一只猫、一条金鱼、一条狗和一只鹦鹉。它们的名字分别是小不点儿、小纽扣儿、小可爱和小金金。根据下面这四个朋友所说的话，你能推理出每个人的宠物及宠物的名字是什么吗？

猫　　　　金鱼　　　　狗　　　　鹦鹉

我的宠物不是金鱼也不是狗，但它名叫小不点儿。

我没有狗。

我对动物毛发过敏，所以我的宠物没有任何毛发。

我的宠物叫小纽扣儿，它很喜欢游泳。

而且我知道小金金是一只猫。

安娜

鲍勃

戴夫

塞西莉亚

如果推理过程中遇到困难，可以画一张表，在表的第一列填上每个人的名字，然后再将找到的线索一一填进去。

海中迷失

这一天海上泛起浓雾，你只能辨认出一些蓝色的海水还有部分船只。你能找到剩余船队所在的位置吗？注意：每条船的四周都被海水包围着。

船队

6 艘橡皮艇

4 艘快艇

2 艘巡洋舰

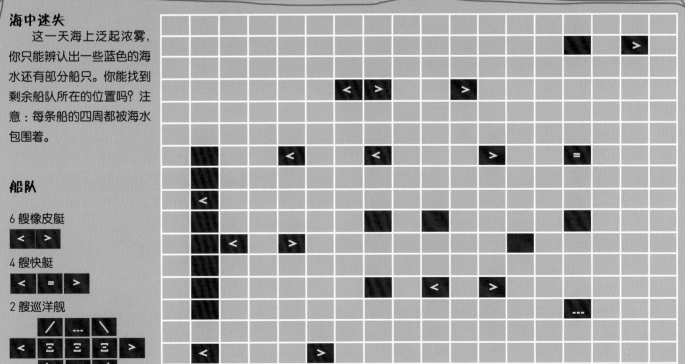

查尔斯·巴贝奇

英国数学家查尔斯·巴贝奇（1791-1871）不仅仅发明了第一台真正意义上的计算机，还是一个一流的密码破译家。1854年，他破译了一组依靠26个字母编写信息的著名军事密码。后来在克里米亚战争中，巴贝奇的这一成果被用来破译俄国的军事信息。

托马斯·杰斐逊

在担任美国总统之前的十年，杰斐逊（1743-1826）发明了一台革命性的编码机器，名为"轮转密码"。此后，他继续发展出一些其他类型的密码，并利用这些密码向欧洲保持联系的秘密密码团体发送信息。从1922年到1942年，美国军方一直采用的都是杰斐逊的轮转密码。

艾格尼丝·梅耶·德里斯科尔

德里斯科尔（1889-1971）是20世纪伟大的密码破译专家之一。她当时为美国海军服务，破译了当时最难最复杂的一些密码，包括在世界大战中使用的一些密码。她以"X女士"这个称号被大家所熟知。德里斯科尔在密码破译机器的发展及密码破译教学上也有着杰出的贡献。

弗朗西斯·沃尔辛厄姆爵士

在英格兰伊丽莎白一世统治时期，间谍活动非常普遍。沃尔辛厄姆（约1532-1592）是一位优秀的间谍，通过拦截伊丽莎白的表亲——苏格兰女王玛丽的信件，揭露她妄图暗杀伊丽莎白女王的阴谋。他的密码破译专长把玛丽丽女王送上了断头台。

小游戏

无处不在的密码

我们的周围到处是密码，其中很多是专门设计出来用于被机器读取的。你的智能手机里至少会有一个用来扫描条形码的应用软件。你可以用它扫描商店里各种类型的产品，或者房屋架子上的物品，看看会跳出什么样的信息。

102

破译密码

如果你有一条秘密信息需要读取，可以打电话给密码破译专家。代码和密码都能让通俗易懂的信息变得难以理解，但也能运用数学原理将其破解。代码把每个单词转换成编译过的单词、符号或数字。密码则将字母打乱或者将它们转换成不同的符号。

加密

金融交易信息基本靠计算机发送，为了防止发送人或者接收人的银行账户信息被盗，这种信息都代表密的。这些交易信息以无线电信号的方式穿过网络、电线以及各种空间。由于这些信息很容易被截取，所以我们将其转化为密码。

频率分析

简单的密码可以通过频率分析来破译（数一数每个符号多久出现一次）。每个符号都代表原文（纯文本）中的一个字母，所以最常用的符号应该代表最常用的字母。英文中，最常用的字母是 E 和 T 和 A，西班牙文中是 E 和 A。我们只要将加密的文本替换成这些字母，就能得到纯文本。

```
adf
sla sdifk
jfdsl eowi
nfas afdslncn
hdsf hdsfkh
hfdhtjn hf eui
bcnkb hckuue cbkj
sn seh ifeuw euinr
kjcntk hf dis
tnv eh
```

黑客

黑客是指那些只是为了好玩或者为了盗取有价值的信息而闯入计算机系统的人。黑进计算机系统也涉及破译（解码）计算机的代码或信息。有时，计算机公司会雇用黑客来测试他们的系统以保证系统更安全，这种黑客有个绰号叫"白帽黑客"。

IBM 的一位名叫斯科特·朗斯福德的雇员为了测试系统安全性，想要黑进一个核电站的计算机系统，他只花了一天的时间就成功了。

公钥加密

20 世纪 70 年代早期数学界一个重大的突破就是公钥加密。密钥是指需要加密或解密的信息。这种系统运用于所有邮件和文本，只有特定的接收者才能读取信息。它工作的原理是，接收者的计算机系统会生成一对密钥：一个用来加密，一个用来解密。发送者用加密的密钥将信息加密然后发送给接收者。这条信息只有接收者能读取，因为只有他（她）有解密的密钥才能将文本解密。

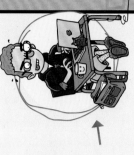

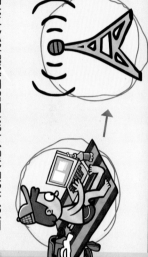

代码和密码

做一个密码轮

为了让替换密码的编写和破译都更方便些，你需要一个密码轮。你和接收信息的一方都需要。除此之外，你们还需要知道破解替换密码的密钥。

你需要
- 白纸
- 直尺
- 铅笔
- 纸张紧固件
- 剪刀

第一步 将这里给出的两个轮子画在纸上并剪下来。把小一点的那个轮子放在上面，将它们按图中所示平均分成26份，然后把两个轮子的中心固定在一起。

第二步 在外圈按顺序写上正常的字母表，内圈写上密码字母表（你可以用左边的密码或者自己编写，加密字母）。然后固定一个提示字母，比如X=P。

第三步 把密码轮给到朋友后，把提示字母告诉他作为开始的破译点。当他们转动轮子将内圈的X与外圈的P对齐，剩下的密码就将迎刃而解。

恺撒密码

恺撒密码是以罗马统帅恺撒大帝的名字命名的，它基于这样一种替换原理——将每个字母换成另一个字母。

举个例子，你可以把每个字母都换成它后面那个字母，所以"b"变成"c"，"c"变成"d"，依此类推。在更复杂的版本里，字母可能会变成后面第三个字母，所以"a"变成"d"，"b"变成"e"。你能破解出下面的信息吗?

ZH00 GRQH WKLV LV D KDUG FRGH

💭 想要算出替换字母与原字母的间隔，你可以先从间隔一个字母试起。

替换密码

在恺撒密码中，加密过的字母表依然按照顺序排列，只是字母的位置变了。但在替换密码中，加密字母就不是按照顺序排列了。根据下面的密码，你能破解出这条信息的意思是什么吗?

ABCDEFGHIJKLMNOPQRSTUVWXYZ
LCYRJPDOAVZHBKTXGSWUFEMINQ

在下面第二行找到字母Y，然后找到它上面对应的原字母—C。

YTRJWYLKCJPFK

虽然恺撒密码比较简单，但与当时人们还不怎么习惯使用密码，所以这种密码还是很有用的。

这里有一些代号码和密码等着你去编写和破解，还有制作密码轮的教程，让你和小伙伴们能非常方便地将信息加密。

从这里开始，想想那个数字符合这个运算公式。

图形密码

这11个彩色图形每个都代表一个从0到12之间的数字。你能通过算术和逻辑推理破解出每种图形代表的数字吗？

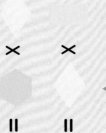

波利比奥斯密码

波利比奥斯（公元前120—公元前203）是一位古希腊历史学家，为古罗马设计了一种新型的密码。下面就是英文版本。使用的方法就是将一对数字代表的那个字母挑出来。例如，H 在第二行第三列，所以它的加密数字就是 23。

	1	2	3	4	5
1	A	B	C	D	E
2	F	G	H	I	J
3	K	L	M	N	O
4	P	Q	R	S	T
5	U	V	W	X	YZ

第一步

用上面的代码表破解下面的密码。

45 23 24 44 11 52 15
43 55 35 32 14 13 35 14 15

第二步

你可以把代码表给朋友一份，让他也破解几条加密信息。你也可以将此代码表中的字母顺序打乱创造自己的代码表。只要保证每人拿到的是同一张代码表。

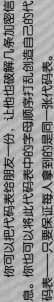

英国首相温斯顿·丘吉尔曾经说过：图灵的研究成果将第二次世界大战缩短了两年。

阿兰·图灵

照片拍摄地点位于伦敦的滑铁卢区，图灵是最左边那个，当时十三四岁，正在和小伙伴一起去往寄宿学校的路上。

才华横溢的阿兰·图灵在数学领域颇有建树。他发明了一种新型的密码破译机器，帮助盟军取得了第二次世界大战的胜利。随后他建造了世界上第一批计算机，并在智能机器——也就是我们现在所称的人工智能的发展上开创先锋。

早期生活

图灵于 1912 年 6 月 23 日出生于伦敦，父亲在印度当公务员。他出生没过多久父母就返回印度，把他和哥哥留在英国由朋友照顾。图灵还是个孩子时就很擅长数学和科学，16 岁就已经能读懂伟大科学家阿尔伯特·爱因斯坦的著作，并对他的思想深深着迷。

图灵机

1931 年图灵进入剑桥大学国王学院学习数学。也就是在这里，图灵于 1936 年发表了一篇论文，内容是关于一台想象中的设备可以通过在一长条纸带上读取和书写来执行数学指令。在当时的技术还无法建造类似的机器时，他的想法就已经描述出一台计算机如何长时间地工作，这就是后来大家所熟知的"图灵机"。同一年晚些时候，图灵前往美国著名的普林斯顿大学深造。

图灵从 1931 年起在剑桥大学国王学院学习。学院里的计算机室是以他的名字命名的。

图灵还是一位世界级的马拉松运动员。他在 1949 年奥运会的资格赛中排名第五。

密码破译

图灵于 1938 年回到英国，应邀加入英国政府破译德军密码。第二次世界大战爆发后，图灵搬到政府编码与密码学院的秘密总部布莱切利园。图灵和他的同事高登·威尔士曼一起发明了"炸弹"，这是一台破译德军信息的机器——当时的德军信息就是由右边这台有点像打字机的名为恩尼格玛密码机的设备加密的。

这是一台英国的第一代电子计算机，基于图灵超大计算机的构想而建造，其加速运算功能广泛地应用于包括航空学在内的各种领域。

第一代计算机

第二次世界大战后，图灵加入英国国家物理实验室，在这里设计出一台名叫自动计算引擎（ACE）的计算机，它能将程序指令储存在电子存储器中。这台机器最终并没有建成，但却引领了第一代计算机"引航员ACE"的发展。1948年，图灵又前往曼彻斯特大学潜心研究计算机软件。这些早期的计算机往往体积巨大，占满整个房间，重达几吨。

图灵被授予"OBE"，即"不列颠帝国勋章"，这是为了表彰他在第二次世界大战期间为国家所做出的巨大贡献。

图灵测试

图灵想知道机器是否能够思考。1950年，他设计了一个实验，让人们向一台计算机提问，检验计算机能否让提问的人相信它实际上是一个人。图灵的"模仿游戏"——也就是现在为人所熟知的图灵测试——一直被用来测试机器的人工智能程度。

自杀悲剧

图灵是一个同性恋者，而当时同性恋关系在英国是违法的，所以他也面临着各种迫害和遭遇监禁的威胁。1954年，图灵选择结束了自己的生命。他的雕像设立在布莱切利园——现在那里已经建成了一个展示第二次世界大战期间密码破译活动的博物馆。

代数学

数学有一个很重要的分支，叫代数学，它用符号（通常是字母）替代数字来解决问题。和数学家一样，其他领域的科学家也运用代数学研究世界上的各种事物。

简单代数学

用两种方式表达同一种计算等式，以此我们可以看出算术和代数的差别。

算术：$4 + 5 = 5 + 4$

代数：$x + y = y + x$

你也可以理解为这个等式里 $x=4$，$y=5$

第一个等式就是一个简单的加总。而代数等式则为 x 和 y 代表的数字提供了一种规则，x 和 y 可以用任何数字来充当。你可以看看下面这个例子：

$$x + y = z$$

如果将 x 和 y 赋予数值，你就能算出 z 是多少。例如如果 $x=3$，$y=5$：

$$3 + 5 = z$$
$$z = 8$$

找出公式

代数学运用公式来解决问题。公式有点像食谱——它给你原料并且教你怎么去处理。科学家运用公式处理各种各样的事情。举个例子，如果从一艘宇宙飞船那儿接收到无线电信号，科学家运用下面的公式就能算出宇宙飞船到底有多远。该公式所用的十进制，是在科学领域里国际通用的方法。

距离 = 时间 × 无线电波的速度

把你知道的信息填进去就能得出答案

时间：这个案例里无线电信号到达地球花了 10 秒钟

速度：无线电波以每秒 30 万千米的速度行进

所以，距离 =10 秒 × 30 万千米 / 秒 =300 万千米

平衡等式

最普遍的公式类型就是等式。这是一种数学表述，说明等号两边是相等的——因此可以将等式想象成平衡的艺术。举个例子，我们可以用这个等式描述一艘宇宙飞船的总质量。

总质量 = 火箭质量 + 航天舱质量 + 燃料质量 + 设备质量 + 航天员质量

科学等式

经过人类几个世纪的努力，现在科学家已经弄懂了很多能解释世界运转规律的等式。举个例子：他们知道万有引力如何在宇宙中发挥作用，也知道万有引力影响空间物体的精确程度。运用这项科学知识，他们就能把航天飞船发送到别的星球去。

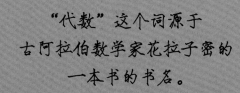

"代数"这个词源于古阿拉伯数学家花拉子密的一本书的书名。

寻找模式

如果数字之间存在一种模式，你就能用它推算出其他信息。举个例子，索格星球的科学家想要建造一艘 110 米长的火箭，所以要弄清楚需要多少金属材料。下面表格中的数据是他们已经建造的火箭数据。

长度	金属材料质量
30 米	140 千克
60 米	200 千克
80 米	240 千克
100 米	280 千克

根据上面这些数据所对应的模式可以推导出下面的等式：

$$金属材料质量 = 长度 \times 2 + 80$$

所以，他们的新火箭需要 $110 \times 2 + 80 = 300$ 千克金属材料。

小游戏

月球变轻计

试着自己解决这个问题。下面的表格里展示了各类物品在地球和月球上的重量。

物体	地球上的重量	月球上的重量
苹果	1.2 牛	0.2 牛
机器人	3000 牛	500 牛
月球着陆器	1.8×10^5 牛	0.3×10^5 牛

你能找出地球上重量和月球上重量之间的关联等式吗？你在月球上的重量会是多少呢？

卡尔·高斯

许多人都将高斯当作最伟大的数学家。他在数学的许多领域，包括统计学、代数学和数论都有创新突破，同时将数学运用于物理研究并有许多重大发现。高斯甚至在青少年时代就特别擅长心算。

高斯就出生在德国布伦瑞克的这所房子里。他的父母非常贫穷，他上学的钱是由布伦瑞克的公爵资助的。

早期生平

高斯于 1777 年出生，是家里唯一的孩子。从很小开始，高斯就是公认的神童，在数学方面有非凡的天赋，他 3 岁时就能纠正父亲账目的错误。之后在上学期间，他用自己的方法将一系列数字快速心算加总，这让老师大为吃惊。

证明不可能

高斯在数学和语言方面都很有天赋。他 19 岁时要决定选择哪个学科。在仅用一把直尺和一个圆规就完成了一个据说是不可能完成的数学任务，即画一个规则的 17 边形之后，高斯选择数学作为以后的研究方向。他的研究发现也开创了数学领域新的分支。

这是高斯在 1800 年 7 月写给布伦瑞克军事学院数学教授约翰·赫尔维希的一封信中的一页数学笔记

高斯想要把他最重要的数学发现——正十七边形刻在墓碑上，却被石匠拒绝了。因为它刻上之后看着像一个普通的圆圈。

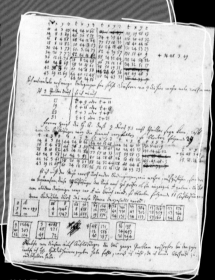

太阳

谷神星

丢失的星球

1801 年，天文学家发现了矮行星谷神星，但在它运行到太阳背面之后就找不到它的运行轨道了。高斯利用数学知识找到了谷神星。根据它消失之前的一些观察报告，高斯预测出它下次出现的地点。事后证明他的预测完全准确。

火星

木星

科学源于数学

高斯对于数学以及它在科学中的实践运用非常着迷，这样的兴趣促使他在电报发明中起到了一定作用。当时电话和电台还没有发明，电报是人们沟通的主要手段。高斯还研究地球磁力学并发明了检测带磁性区域的装置。为了纪念高斯这一成就，磁力单位是以他的名字命名的。

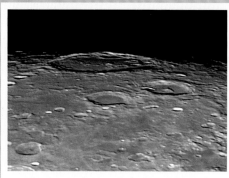

月球的许多火山口都以著名科学家的名字命名。高斯火山口就坐落在月球靠近地球这边的东北角。

天才的遗产

高斯在数学的很多领域都颇有成就，但很可惜他并没有将所有研究成果都发表。其中许多成果都是在他死后，由其他科学家已经证明过后才发现。1855年高斯死后，他的大脑被保存起来用于研究，当时看起来好像在生理上有所异常。但2000年一项新的调查显示高斯的大脑并没有特别异于常人的地方，所以对于他的天才表现也无法解释。

超酷的曲线

统计一个群体中每个人的身高，并画成条形图时，它们的大小分布通常会呈现出一种特殊的曲线形态。这条曲线的两端是最矮和最高的人，大部分人在中间。高斯是第一个发现这种曲线的人，我们叫它钟形曲线。它可用于数据分析、设计实验、发现错误以及做出预测。

这根轴标记每种身高分别有多少人

"钟"的顶部代表这个群体的平均身高

这张面值10马克的德国纸币上印着高斯的头像和钟形曲线

因为高斯的贡献，以他的名字命名的事物有很多，这条德国船只便是其中之一。它于1901年远航至南极探险，途中船员发现了一座死火山，并将它命名为高斯冰山。

难题

我们在生活中经常会运用代数学解决问题，你可能没有注意到这一点，不过当你在解答这几页的谜题时，你就已经在运用代数学了。当它隐藏在平常的生活中或者好玩的谜题中时，也就没有那么可怕了。

在代数学里，"x"表示一个未知的数字。这也是为什么我们把一个人身上的未知品质叫作"X因素"。

烘焙蛋糕

吉姆要为朋友的生日做一个蛋糕，原料如下：
- 100 克黄油
- 200 克糖
- 4 个鸡蛋
- 160 克面粉

刚要开始做时，吉姆发现鸡蛋数量不够。但商店已经关门了，所以他决定就着 3 个鸡蛋调整其他原料的数量。请问调整后他应该用多少黄油、糖和面粉呢？

花瓣数字

下面每朵花中，外面花瓣上的数字都以同样的方式相加、相乘后得出中间的数字。你能找出这个公式并算出第三朵花中间的数字吗？

左右移动

公园里有一棵苹果树和一棵山毛榉树，每棵树上有些鸟。如果苹果树上的一只鸟飞到山毛榉树上，两棵树上鸟的数量就一样了。请问原来两棵树上鸟的数量差是多少呢？

力求平衡

在数学加总计算中，你肯定想要确定等号左边跟右边保持相等——就像天平的两边重量要保持相等。所以，下面的谜题中，第三个天平的右边需要放多少个高尔夫球才能保持平衡呢？

15 个高尔夫球

18 个高尔夫球

水果挑战

每个方格内的水果都有不同的价格，你能计算出每个水果的价格么？算出之后，请将每行和每列的价格总和补齐。

你自己来试试

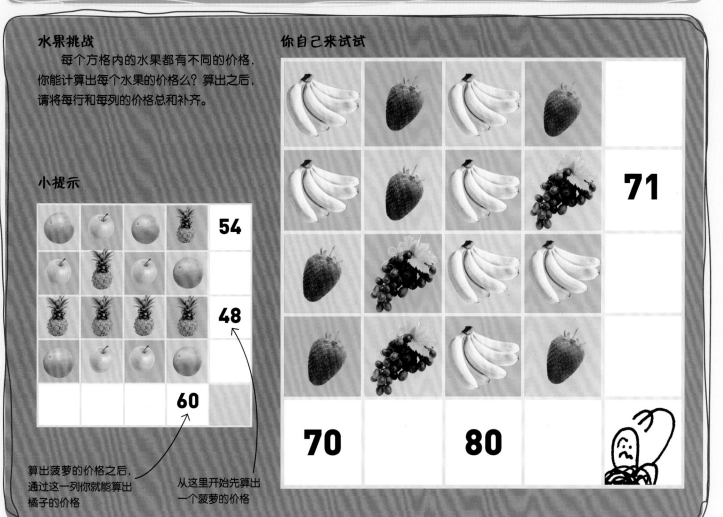

小提示

算出菠萝的价格之后，通过这一列你就能算出橘子的价格

从这里开始先算出一个菠萝的价格

宇宙的秘密

对于科学家来说，数学是探索宇宙的有力工具。科学的目的就是要证明各种理论——为了达到这一目的，科学家运用数学并根据理论做出预测。如果事后证明这些预测是正确的，那么理论就也可能是正确的。

数学世界

16世纪，著名科学家和发明家伽利略·伽利雷（1564-1642）发现，世界上很多事情——从掉落的物品，到桥梁的长度，再到音符——都能归结为简单的数学问题。伽利略之后，几乎所有科学家都尝试从事物中寻找数学规律，以此来准确说明事物的运作原理。

植物繁殖项目

所有的花都是粉色，所以粉色肯定是主导颜色

1/4的花是白色，所以粉色的花肯定携带了白色基因

3/4的花是粉色

生命数学

格里戈尔·孟德尔（1822-1884），奥地利科学家和修道士，他发现简单的数学知识能够解释生物的一些特征。比如花朵的颜色、眼睛的颜色等，总是会根据一定的概率（详见第96-97页）从父母那儿遗传到下一代。他的研究成果奠定了遗传学的基础。

伽利略建造了一批功能强大的望远镜，一方面用来学习天文学，另一方面则将其中大部分卖给本国海军，帮他们定位敌军的船只。

简单的真相

直到 20 世纪早期,数学还只是用来给科学理论补充细节、验证理论和运用理论。但从那之后,数学就经常成为科学家提出理论的依据。当好几个理论摆在他们面前时,那个在算术上最简单的往往是正确的。伟大的物理学家阿尔伯特·爱因斯坦(1879—1955)就是选择了一个最简单的等式以最准确的方式解释了万有引力。

超级加总

比起计算,数学家更愿意花时间去研究公式、提出思路,或者尝试证明新的定理。有计算机帮我们进行加总,我们还需要为算术烦恼吗?功能强大的超级计算机的计算速度是人类大脑的几十亿倍。它们在数字处理方面超凡的能力让科学家比以往任何时候都能更全面彻底地检验自己的理论。

不存在的完美

1931 年,奥地利出生的数学家库尔特·哥德尔(1906—1978)发表了一则革命性的定理。他证明了任何一个复杂的数学理论都不可能是完整的——它们总是会有缺口,而理论中总是会有命题无法证明。数学这门学科从此变得不一样了。

斯坦·古德教授说过:"数学的本质不是把简单的事情变复杂,而是把复杂的事情变简单。"

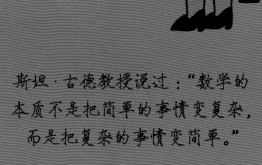

弦的世界

弦理论是解释宇宙的理论之一。它的基本观点是宇宙中组成原子的微粒本身是由更小的物体组成,这种物体会像乐器的弦一样振动。因为涉及的物质太小完全看不见,所以这个理论只能以数学方式进行验证。

1 午夜是指……

A 12:00 am

B 12:00 pm

C 都不是

2 3.1 小时是多久?

A 3 小时又 10 分钟

B 3 小时又 6 分钟

C 3 小时又 1 分钟

3 1/4 + 1/3 等于多少?

A 2/7

B 2/12

C 7/12

你应该掌握一些像九九乘法口诀这样有用的心算。

4 1/4 X 1/4 等于多少?

A 1/2

B 1/16

C 11/16

总测验

5 下面三个选项中哪个是最小的?

A 8.35

B 8 2/3

C 8.53

6 下面哪个选项是正确的?

A 43000 的 2.1%>4300 的 0.21%

B 43000 的 2.1%=4300 的 0.21%

C 43000 的 2.1%<4300 的 0.21%

7 你需要用一块面包给自己做 4 个三明治,而且你不喜欢面包皮,你需要切多少下?

A 7

B 8

C 9

8 如果在数字 100 加上 10% 会得到 110,而将 110 减去 10% 会得到多少呢?

A 90

B 99

C 100

对于比较长比较复杂的计算,尤其是在使用计算器的情况下,可以在算出正确答案之前估算一下答案。

尝试用不同的方法学习各种常识、数字和公式:可以把单词大声地说出来,自己打节奏,甚至可以画草图来帮助思考。

9 -1 + (-2) 等于多少?

A -3

B -1

C 3

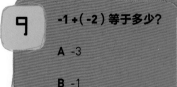

10 0.1 X 0.1 等于多少?

A 0.01

B 0.11

C 0.1

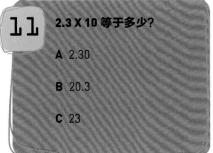

11 2.3 X 10 等于多少?

A 2.30

B 20.3

C 23

12 用同一根绳子围成不同的三角形,哪个三角形面积最大?

A 直角三角形

B 等边三角形

C 不等边三角形

有没有哪种数学题会吸引你去思考,刚开始会觉得很简单,但后来却变得疑惑而不得不重新思考?如果有,不用担心,不只你会这样。有些数学陷阱题很容易让人栽跟头,你只有了解了问题的真正目的才不会犯错。这里有一些最容易混淆的题目,为了好玩还加了一些小诡计。

13 下列哪个多面体其平面的数量最少?

A 立方体

B 方锥体

C 四面体

14 现在是差一刻6点,过了20分钟之后你开始烤蛋糕,这需要65分钟,请问蛋糕烤好时是几点?

A 6:50

B 7:10

C 6:45

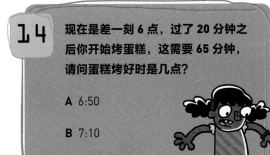

当你算错答案时,
弄清楚错在哪里。

15 下面三个形状中哪个与其他两个都不同?

A 长方形

B 立方体

C 三角形

16 3÷1/4 等于多少?

A 0.75

B 1/12

C 12

17 用同一根绳子围成下面的图形,哪个面积最大?

A 圆

B 正方形

C 三角形

18 1÷0 等于多少?

A 1

B 0

C 无意义

弄清楚题目的真实意思,
可以让你在解题时事半功倍,
而且不容易出错。

词汇表

代数学

以字母或符号代替数字用来学习数学中的公式。

角度

一条边与另一边重合需要旋转程度的测量。角度的测量通常以度为单位，例如：45 度。

面积

一幅平面图形内部空间的总和。面积的测量以长度的平方为单位，比如：平方厘米。

算术

涉及加、减、乘、除的计算。

轴

曲线图上的直线。点到点之间的距离就是在轴上测量得到的。水平轴又称为 x 轴，垂直轴又称为 y 轴。

柱形图

用柱子的高矮显示数量大小的一类图表。柱子越高，代表数量越大。

图表

便于我们更好理解数学信息的图画，比如曲线图、表格或者地图。

密码

将每个字母替换成另一个字母的代码，或者破解代码的密钥。

圆周

绕圆圈一周的距离。

代码

一套关于字母、数字和符号的系统，用于替换文本中的字母隐藏其中的内容。

连续数

一个接着一个排列的一系列数字。

立方

一种六面的立体形状，或是一个数字乘以自己两遍的算术指令，举个例子：$3 \times 3 \times 3 = 27$，也可以写成 3^3。

数据

类似测量值这样的事实信息。

十进制

以 10 为基础运用数字 0~9 的数字系统。满十进一，满二十进二，依此类推。

小数

小数点后面的数字，也指包含小数的数。

小数点

分隔一个数的整数部分和分数部分的点，比如 2.5。

度

角的测量单位，用符号 "°" 表示。

直径

横跨圆形的最远距离。

加密

将信息转换为代码保证其中内容不被随便看到。

等式

含有等号的式子叫作等式，是说明两者相等的数学表述。

等边三角形

每个角都是 60 度、每条边长都相等的三角形。

估计

算出一个大致答案，或者大致答案本身。

偶数

能被 2 整除的数字。

面

三维图形的表面。

因数

相乘可以得到第三个数字的那两个数字。比如，2 和 4 是 8 的因数。

公式

一种数学规则，书面上通常用符号表示。

分数

一个数字除以另一个数字的结果。

频率

某件事在一段固定的时间内多久发生一次。

几何学

数学中研究物体形状、大小和位置间相互关系的分支学科。

曲线图

展示两组数据之间关系的图表，比如时间与运动物体的位置之间的关系。

水平

与地平线平行。水平线由左向右与垂直线呈直角。它也用来描述平直的表面。

等腰三角形

至少有两条边长度相等、两个角度数相等的三角形。

对称轴

如果一个图形有一条对称轴，你可以将一面镜子贴着这条轴，镜子里的映像就与原来半幅图形一模一样。

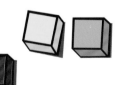

测量值

表示某样东西的总量或大小的数字，用类似秒或米这样的单位表示。

奇数

被 2 除会得到 0.5 的数字。

平行

如果两条直线一直相隔同样的距离，那么这两条线就是平行的。

百分比

数字在 100 中所占的比率，通常用符号 % 表示。

圆周率

任何圆圈的周长除以直径就能得到它。用希腊符号 π 表示。

多边形

有三条或者更多边的平面图形。

多面体

有多个多边形平面的立体图形。

正数

大于 0 的数。

质因数

相乘可以得到第三个数的质数。举个例子：3 和 5 是 15 的质因数。

质数

比 1 大，只能被自己和 1 整除的数。

概率

某件事将要发生的可能性。

乘积

两个或更多数字相乘之后的结果。

金字塔

以多边形为底，上面为多个三角形汇聚于顶点的立体图形。

四边形

有四条边四个角的平面图形。梯形和矩形都是四边形。

半径

圆圈的中心到圆周的距离。

范围

一组数据中最小的数字与最大的数字间的差别。

比率

将两个数字之间的关系描述为一个比另一个大或小的倍数。

直角

90 度角。

不等边三角形

三条边长和三个角均不相同的三角形

数列

按照一定规则排列的一系列数字，比如：2，4，6，8，10。

正方形

有四条边和四个直角的平面图形。

平方数

一个数字乘以它本身得到的结果，举个例子：4×4=16，也可以写成 4^2。

总和

数字相加的结果或总数。

对称

如果一个图形或者物体其中有部分被旋转、反射及转换之后仍然和原来完全重合，我们就称它有对称性（或者描述为对称的）。

表格

通常由几行和几列构成的一系列信息。

四面体

即三棱锥，有四个面的几何体。

定理

已经证明或者可以证明是正确的数学观点或规则。

理论

对于某件事或某个事物详细并经过验证的解释说明。

三维

用于描述具有长、宽、高物体的术语。

三角形

有三条边的平面图形。

速率

在一个特定方向上的速度。

维恩图

一种用重叠的圆圈比较两组或更多数据的图表。

顶点

图形中各面或各条线交会的点。

垂直

垂直线由上至下与水平线垂直。

整数

不是小数或分数的数。

答案

4-5 生活中的数学

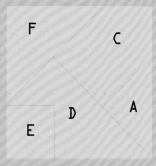

拼图游戏
多余的那片图形是 B。

利润盈余
碰碰车的使用数量：12 的 60% 为 7.2
时段数量：4×8=32
时段总费用：32×20 元 =640 元
640 元 ×7.2=4608 元
减去成本：4608 元 -1200 元 =3408 元
利润：每天 3408 元

概率游戏
游戏里有 1/9 的概率砸到椰子：
90（顾客）×3 次（投掷）=270
270÷30 个（椰子）=9

10-11 数学技能

识别图形
1. D
2. C
3. C
4. C

16-17 数字问题

一项有用的调查？
1. 因为这个调查是由摩天大楼协会所做，所以结果可能存在偏见。
2. 他们只调查了 30 个公园中的 3 个，也就是 1/10，样本太小，不足以对所有的公园得出结论。
3. 我们并不清楚去第三个公园的人数是多少。
4. 另外两个公园一整天的游客人数不到 25 个，这样的事实表明调查只花了一天，时间太短无法得出有用的结论。

伤势加剧！
因为钢制头盔对于保命来说非常有效，更多士兵虽然头部受伤但能幸存下来，不至于因此送命。所以头部受伤的士兵数量增加，但死亡士兵的数量减少了。

20-21 "看" 出答案

你看到了什么？
1. 牙刷、苹果、台灯；
2. 自行车、钢笔、天鹅；
3. 吉他、鱼、帆船；
4. 国际象棋棋子、剪刀、鞋。

二维思考

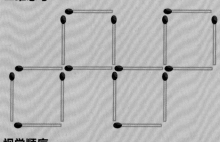

视觉顺序
第 3 幅。

看着就能理解
蛇有 9 米长。

三维视图
第二个立方体。

28-29 大大的 0

罗马数字练习题
这个很简单的问题告诉我们位值能让数学计算容易很多。这道题最快的方法就是把罗马字母转化成阿拉伯数字得出答案：
CCIX（309）+DCCCV（805）=1114（MCXLY）。

32-33 跳出思维定式

1. 名次变换
第二名。

2. 爆炸！
用一只没有充气的气球。

3. 概率是多少？
1/2。

4. 姐妹
她们是三胞胎其中的两个。

5. 金钱
两个钱袋完全相同。

6. 多少？
只需要 10 个小朋友。

7. 左边还是右边？
将手套里层翻出来。

8. 孤独的人
他住在灯塔里。

9. 一路向上
你的年龄。

10. 交替
将第二个杯子中的橙汁倒进第五个杯子。

11. 损失？
这个有钱人之前是亿万富翁，现在遭受损失变成百万富翁。

12. 3.5？
搭成圆周率 "π"。

13. 冷！
先点燃火柴。

14. 扶稳了，出发！
地球。

15. 扫落叶
一堆。

16. 家
房子建造在北极，所以这只熊肯定是白色的北极熊。

34-35 有规律的数字

越狱
解开这道谜题需要了解最后开着的那些门号数字遵循怎样的模式 —— 它们都是平方数字。所以答案是 4 个：1、4、9、16。

握手
3 人 =3 次握手
4 人 =6 次握手
5 人 =10 次握手
答案全都是三角形数。

完美解答？
下一个完全数是 28，所有完全数个位数都是 6 或 8。

42-43 多大? 多远?

测量地球

$7.2° \div 360° = 0.02$

$800 \text{ 千米} \div 0.02 = 40000 \text{ 千米}$

48-49 认识数列

它们的规律是什么?

A 1, 100, 10000, 1000000
B 3, 7, 11, 15, 19, 23
C 64, 32, 16, 8
D 1, 4, 9, 16, 25, 36, 49
E 11, 9, 12, 8, 13, 7, 14
F 1, 2, 4, 7, 11, 16, 22
G 1, 3, 6, 10, 15, 21
H 2, 6, 12, 20, 30, 42

50-51 帕斯卡三角形

挑战盲文

在帕斯卡三角矩阵找到第 6 排，将这一排的数字加总得到 64，所以凸点有 64 种不同的排列组合。

对于 4 点模式，可以找到三角矩阵的第 4 排，将这一排数字加总得到 16，所以凸点有 16 种排列组合。

52-53 神奇方格

创造神奇

2	7	6
9	5	1
4	3	8

7	4	9	14
5	11	2	16
10	6	15	3
12	13	8	1

24	18	32	3	11	23
2	25	4	27	22	31
34	9	1	10	36	21
6	26	30	28	5	16
33	14	29	8	20	7
12	19	15	35	17	13

你自己的神奇方格

11	24	7	20	3
17	5	13	21	9
23	6	19	2	15
4	12	25	8	16
10	18	1	14	22

60-61 谜一样的质数

筛选出质数

X	2	3	X	5	X	7	X	X	X
11	X	13	X	X	X	17	X	19	X
X	X	23	X	X	X	X	X	29	X
31	X	X	X	X	X	37	X	X	X
41	X	43	X	X	X	47	X	X	X
X	X	53	X	X	X	X	X	59	X
61	X	X	X	X	X	67	X	X	X
71	X	73	X	X	X	X	X	79	X
X	X	83	X	X	X	X	X	89	X
X	X	X	X	X	X	97	X	X	100

质数立方

2	8	3
4	6	9
7	5	1

2	8	3
4	6	9
7	5	1

2	8	9
6	4	3
7	5	1

2	8	9
4	6	3
7	5	1

2	8	9
6	4	3
7	5	1

2	8	3
6	4	9
5	1	7

2	8	7
4	6	3
9	5	1

2	8	7
6	4	1
9	5	3

2	8	7
6	4	1
5	3	9

2	8	7
4	6	1
5	3	9

2	8	7
4	6	1
5	3	9

54-55 缺失的数字

数独

初级

1	7	6	4	8	9	3	2	5
5	8	9	7	2	3	1	4	6
4	2	3	6	5	1	8	9	7
3	9	2	8	4	7	5	6	1
8	1	4	5	3	6	2	7	9
6	5	7	9	1	2	4	8	3
9	4	5	3	6	8	7	1	2
7	3	1	2	9	4	6	5	8
2	6	8	1	7	5	9	3	4

中级

7	8	5	6	9	3	1	2	4
9	6	4	5	1	2	8	3	7
2	1	3	8	4	7	6	5	9
3	5	6	7	8	9	2	4	1
8	9	4	2	1	6	3	7	5
1	2	7	3	5	4	8	9	6
5	7	1	9	6	8	4	3	2
4	9	8	1	2	3	5	7	6
6	3	2	4	5	7	9	1	8

数圆

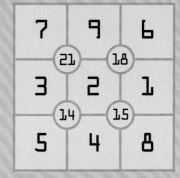

7	9	6
	(21) (18)	
3	2	1
	(14) (15)	
5	4	8

数谜

17	20			3	
9	7		1	3	
8	5			1	3
	8	4	9		
		1	5	3	
1	9	7		1	2
6	7			4	8

64-65 三角形

测量面积

三角形的面积分别为：

$3 \times 7 = 21$　　$21 \div 2 = 10.5$

$3 \times 5 = 15$　　$15 \div 2 = 7.5$

$4 \times 4 = 16$　　$16 \div 2 = 8$

$4 \times 8 = 32$　　$32 \div 2 = 16$

将它们加总：

$10.5+7.5+8+16=42$ 平方单位

74-75 三维图形谜题

构建立方体

A + D

H + I

E + G

B + C

F 是那块多余的碎片

组合拼贴

网格图形 D 没法折叠成一个立方体

图形识别

这道题有很多种排列方式，这里只给出了一种：

1　　**2**　　**3**

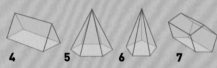

4　　**5**　　**6**　　**7**

你还能找出多少种？试验用不同的图形作为第一个图形，并试着让这一排图形最后形成一个圆圈。

追寻踪迹

只有八面体能做到，立方体和四面体都无法做到。因为如果图形中超过两个角与其他角之间存在奇数条连接线，就不可能一次画出该图形而不重复任何一条边。

搭积木

A 10 立方厘米

B 19 立方厘米

68-69 图形转换

三角形计数

总共有 27 个三角形。

趣味七巧板

箭头

狐狸　　**蜡烛**

图形中的图形

正方形的思考　　**划分这个"L"**

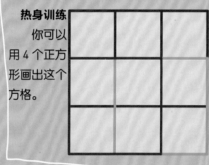

火柴谜题

谜题 1　　　　**谜题 2**

正方形大挑战

热身训练

你可以用 4 个正方形画出这个方格。

挑战升级

你可以用 6 个正方形画出这个方格。

80-81 神奇的迷宫

简单的迷宫

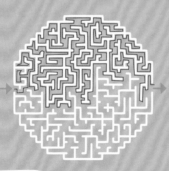

复杂的迷宫

编织类迷宫

92-93 地图

看地图

教堂：44,01

野营地：42,03

96-97 概率

概率是什么？

可能性排序：

1. 踢足球

2. 被蛇咬

3. 掉入下水管道

4. 玩电脑游戏精疲力竭

5. 被河马攻击

6. 被闪电劈中

7. 被掉下来的椰子砸中

8. 被鲨鱼攻击

9. 撞向灯柱

10. 被陨石砸中

100-101 逻辑谜题和悖论

逻辑方格

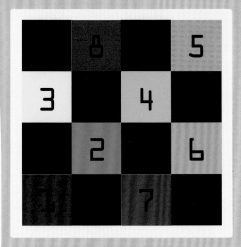

黑色或白色？

克莱尔的帽子颜色是黑色。只有在贝丝和克莱尔的帽子全都是白色时，艾米才会知道她自己的帽子颜色（因为不是所有的帽子都是白色）。但艾米并不知道自己的帽子颜色。所以贝丝和克莱尔的帽子是一黑一白，或两顶都是黑色的。贝丝意识到这一点后她去看克莱尔是否是白色，如果是白色，说明自己的帽子颜色就是黑色。但她并没有看到白色，所以她也没法知道自己帽子的颜色。所以克莱尔的帽子颜色肯定是黑色的，因为她听到其他两个姐妹的回答了。

理发师的困境

这个故事本身就是个悖论。

狡猾的加总

答案是1349。

带宠物的朋友们

安娜：小不点儿（鹦鹉）

鲍勃：小纽扣儿（狗）

塞西莉亚：小可爱（金鱼）

戴夫：小金金（猫）

海中迷失

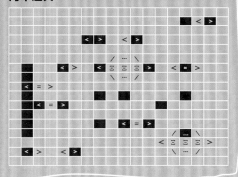

104-105 代码和密码

恺撒密码

这则信息的内容是："Well done this is a hard code"。（干得好！这是一种非常难的密码。）

替换密码

这则信息内容是："Codes can be fun"。（密码很好玩哦！）

波利比奥斯密码

这则密码的内容是："This is a very old code"。（这是一种非常古老的密码。）

图形密码

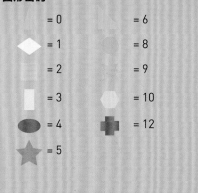

108-109 代数学

月球变轻计

物体在月球的重量是在地球上重量的1/6。所以想要知道你在月球上的重量，只需要将你现在的重量除以6。

112-113 难题

花瓣数字

答案是117。计算公式是将较小的三个数字相加，然后乘以最大的数字便得到结果。（3+4+6）×9=117。

烘焙蛋糕

就着3个鸡蛋做蛋糕，吉姆需要75克黄油、150克糖和120克面粉。

左右移动

数量差是2。举个例子，如果苹果数上有7只鸟，1只鸟飞到另一棵树上之后两棵树上鸟的数量持平，说明山毛榉树上有5只鸟。

力求平衡

需要放12个高尔夫球。

水果挑战

菠萝 = 12　香蕉 = 20
橘子 = 18　草莓 = 15
苹果 = 6　葡萄 = 16

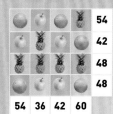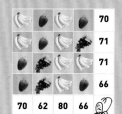

116-117 总测验

1. A 午夜是指 12:00am。

2. B 3 小时又 6 分钟。

3. C 7/12。

4. B 1/16。

5. A 8.35。

6. A 43000 的 2.1% > 4300 的 0.21%。

7. C 你需要切 9 下。

8. B 99。

9. A 两个负数相加，所以 (-1) + (-2) = -3。

10. A 0.01。

11. C 23。

12. B 三角形的面积计算公式是底边长 × 高 × 1/2，等边三角形的底边长和高都是最长的，所以以面积也是最大的。

13. C 四面体只有四个面。

14. B 7:10。

15. B 立方体是立体图形，其他是平面图形。

16. C 问题不是问 3 的 1/4 是多少，而是问 3 有多少个 1/4。

17. A 一个圆圈的圆周距离中心点的距离最大。

18. C 这是一个陷阱问题，数字根本没法除以 0，你可以试试在计算器上做这道算术题，它会显示"错误"。

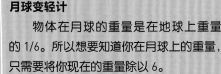

鸣谢

DK would like to thank:

Additional editors: Carron Brown,
Mati Gollon, David Jones, Fran Jones,
Ashwin Khurana

Additional designers: Sheila Collins, Smiljka Surla

Additional illustration: Keiran Sandal

Index: Jackie Brind

Proofreading: Jenny Sich

Americanization: John Searcy

The publisher would like to thank the following for their kind permission to reproduce their photographs:

(Key: a-above; b-below/bottom; c-centre; f-far; l-left; r-right; t-top)

of Great Britain (tr)
32 Corbis: Araldo de Luca (tr).
Science Photo Library: Sheila Terry (cl)
33 akg-images: (cl). **Corbis:** HO / Reuters (cr). **Science Photo Library:** (c)
38 Getty Images: AFP (bl)
40 Alamy Images: Nikreates (cb). **Corbis:** Bettmann (cl); Heritage Images (cr)
41 Getty Images: Time & Life Pictures (cr, c)
43 NASA: JPL (br). **Science Photo Library:** Power and Syred (cr)
52 Corbis: The Gallery Collection (bl)
58 akg-images: (cr). **Science Photo Library:** (tl); Mark Garlick (bc)
59 akg-images: Interfoto (br). **Getty Images:** (bc); SSPL (cr).

85 Corbis: Bettmann (c); Gavin Hellier / Robert Harding World Imagery (cr). **Getty Images:** (clb)
88 Getty Images: Juergen Richter (tr). **Science Photo Library:** (bl)
89 Edward H. Adelson: (br). **Alamy Images:** Ian Paterson (tr)
98 Dorling Kindersley: Science Museum, London (c). **Getty Images:** (cla); SSPL (bl). **Science Photo Library:** (cr)
99 Corbis: Image Source (cr). **Getty Images:** Time Life Pictures (c)
110 Getty Images: Joe Cornish (clb); SSPL (br). **King's College, Cambridge:** By permission of the Turing family, and the Provost and Fellows (tr)
111 Alamy Images: Pictorial Press (c); Peter Vallance (br). **Getty Images:** SSPL (tr)

10-11 Science Photo Library: Pasieka (c)
11 Science Photo Library: Pascal Goetgheluck (br)
15 Mary Evans Picture Library: (bl)
16 Getty Images: AFP (clb). **Science Photo Library:** Professor Peter Goddard (crb). **TopFoto.co.uk:** The Granger Collection (tl)
17 Corbis: Imaginechina (tr). **Image originally created by IBM Corporation:** (cl)
18 Corbis: Hulton-Deutsch Collection (bc). **Getty Images:** Kerstin Geler (bl)
20 Alamy Images: RIA Novosti (cl). **Science Photo Library:** (cr)
21 Corbis: Bettmann (br, tl). **Dreamstime.com:** Talisalex (tc). **Getty Images:** SSPL (ftr/Babages Engine Mill). **Science Photo Library:** Royal Institution

Mary Evans Picture Library: Interfoto Agentur (c)
61 Corbis: ESA / Hubble Collaboration / Handout (br); (bl). **© 2012 The M.C. Escher Company - Holland. All rights reserved. www.mcescher.com:** M. C. Escher's Smaller and Smaller (tr)
71 Alamy Images: Mary Evans Picture Library (bl)
73 Corbis: Jonn / Jonnér Images (c). **Getty Images:** John W. Banagan (cra); Christopher Robbins (tr). **Science Photo Library:** John Clegg (cr)
77 Getty Images: Carlos Casariego (bl)
79 Science Photo Library: Hermann Eisenbiess (br)
84 Alamy Images: liszt collection (cl). **TopFoto.co.uk:** The Granger Collection (bl)

116 Dreamstime.com: Aleksandr Stennikov (cr/Pink Gerbera); Tr3gi (fcr/White Gerbera)
117 Science Photo Library: Mehau Kulyk (bc)

All other images © Dorling Kindersley
For further information see: **www.dkimages.com**